国家林业局普通高等教育“十三五”规划教材
全国高等农林院校生物科学类系列教材

植物生理学实验教程

（第2版）

路文静 李奕松 主编

中国林业出版社

内 容 提 要

本教材是国家林业局普通高等教育“十三五”规划教材。全书分为7篇，第1~6篇为基础性实验，第7篇为综合设计实验，附录为实验室安全及实验过程中常用仪器、材料、试剂、数据等的使用和处理。本教材作为植物生理学的配套实验教材，既可以加深学生对实验基本理论的理解，锻炼学生的实验操作技能，培养严谨的科学态度，又可以提高学生综合运用知识的能力和创新能力。同时，本教材也可作为科研工作者的实验工具书。

图书在版编目(CIP)数据

植物生理学实验教程/路文静，李奕松主编. —2版.—北京：中国林业出版社，2017.6(2022.1重印)
国家林业局普通高等教育“十三五”规划教材　全国高等农林院校生物科学类系列教材
ISBN 978-7-5038-9093-2

Ⅰ.①植…　Ⅱ.①路…②李…　Ⅲ.①植物生理学－实验－高等学校－教材
Ⅳ.①Q945-33

中国版本图书馆CIP数据核字(2017)第151689号

中国林业出版社·教育出版分社
策划编辑：肖基浒　　　　责任编辑：肖基浒　曹鑫茹
电　　话：(010)83143555　　　　传　　真：(010)83143561
E-mail：jiaocaipublic@163.com

出版发行　中国林业出版社(100009　北京市西城区德内大街刘海胡同7号)
E-mail:jiaocaipublic@163.com　电话:(010)83143500
网址：http://www.forestry.gov.cn/lycb.html
经　　销　新华书店
印　　刷　中农印务有限公司
版　　次　2011年5月第1版(共印1次)
2017年8月第2版
印　　次　2022年1月第2次印刷
开　　本　850mm×1168mm　1/16
印　　张　11.5
字　　数　273千字
定　　价　28.00元

《植物生理学实验教程》（第2版）
编写人员

主　　编　路文静　李奕松

副 主 编　王凤茹　顾玉红

　　　　　　谢寅峰　贾晓梅

参编人员（按姓氏拼音排序）

谷守芹（河北农业大学）

顾玉红（河北农业大学）

郭红彦（山西农业大学）

侯名语（河北农业大学）

胡小龙（西南林业大学）

贾　慧（河北农业大学）

贾晓梅（保定学院）

寇凤仙（保定职业技术学院）

李奕松（北京农学院）

路文静（河北农业大学）

时翠平（河北农业大学）

史树德（内蒙古农业大学）

王凤茹（河北农业大学）

王文斌（山西农业大学）

谢寅峰（南京林业大学）

周彦珍（保定职业技术学院）

《植物生理学实验教程》（第 1 版）
编写人员

主　　编　路文静　李奕松

副 主 编　王凤茹　王文斌

谢寅峰　顾玉红

编写人员（按姓氏拼音排序）

谷守芹（河北农业大学）

顾玉红（河北农业大字）

郭红彦（山西农业大学）

侯名语（河北农业大学）

胡小龙（西南林业大学）

贾　慧（河北农业大学）

贾晓梅（保定学院）

李奕松（北京农学院）

路文静（河北农业大学）

时翠平（河北农业大学）

史树德（内蒙古农业大学）

王凤茹（河北农业大学）

王文斌（山西农业大学）

谢寅峰（南京林业大学）

周彦珍（保定职业技术学院）

前　言

（第 2 版）

植物生理学是研究植物生命活动规律及其与外界环境相互关系的科学，是生命科学的重要基础学科。近年来植物生理学发展迅速，表现出与其他学科交叉渗透，研究领域不断向宏观、微观方向拓展，研究手段现代化，更加注重实际应用等特点。为了适应高校教学改革和创新型人才培养的需要，加强对学生实践能力的培养，结合植物生理学的发展特点，在国家林业局普通高等“十三五”规划教材《植物生理学》的基础上，我们编写了这本《植物生理学实验教程》(以下简称《实验教程》)。

《实验教程》本着现代技术和常用技术相结合的原则，力求比较全面和系统地介绍当今植物生理学的实验技术，注重内容的科学性、实用性和方法的可靠性、可操作性。在编写过程中，参阅了大量相关文献，既体现现代植物生理学研究的新进展，又结合了各位编者在教学和科研中的实践经验。全书分为 7 篇，1 ~6 篇为基础性实验，结合《植物生理学》教材各章内容，运用科学的实验方法，测定相关数据，验证相关知识和理论；第 7 篇为综合设计实验，结合一个选题，综合运用有关知识设计实验内容，提高学生分析问题、解决问题的能力；附录为实验室安全及实验过程中常用仪器、材料、试剂、数据等的使用和处理，提高实验者的实验技能，强化实验安全意识。因此，本书作为植物生理学的实验教材，既可以加深学生对实验基本理论的理解，锻炼学生的实验操作技能，培养严谨的科学态度，又可以提高学生综合运用知识的能力和创新能力。同时，本书也可作为科研工作者的实验工具书。

《植物生理学实验教程》(第 1 版)自 2012 年 1 月出版以来，得到了广大读者的认可，在此我们表示衷心感谢。为了反映近几年植物生理学实验技术的进展，经过各位编者的努力，完成了第 2 版书稿，并由路文静、王凤茹、顾玉红进行统稿和修改。《实验教程》(第 2 版)被中国林业出版社列为国家林业局普通高等教育“十三五”规划教材。第 2 版基本保持了第 1 版体系，内容上添加了新的实验技术和部分经典实验，并对第 1 版中出现的编写疏漏和印刷错误进行了修正。

本书编者在编写过程中力求严谨、认真、规范，但因水平有限，书中仍可能存在不妥或错误，恳请读者批评指正。

编　者

2017 年 1 月

前　言

（第1版）

植物生理学是研究植物生命活动规律及其与外界环境相互关系的科学，是生命科学的重要基础学科。近年来植物生理学发展迅速，表现出与其他学科交叉渗透，研究领域不断向宏观、微观方向拓展，研究手段现代化，更加注重实际应用等特点。为了适应高校教学改革和创新型人才培养的需要，加强对学生实践能力的培养，结合植物生理学的发展特点，在中国林业出版社"十二五"规划教材《植物生理学》的基础上，我们编写了这本《植物生理学实验教程》。

《植物生理学实验教程》本着现代技术和常用技术相结合的原则，力求比较全面和系统地介绍当今植物生理学的实验技术，注重内容的科学性、实用性和方法的可靠性、可操作性。在编写过程中，参阅了大量相关文献，既体现现代植物生理学研究的新进展，又结合了各位编者在教学和科研中的实践经验。全书分为7章，第1～6章为基础性实验，结合《植物生理学》教材各章内容，运用科学的实验方法，测定相关数据，验证相关知识和理论；第7章为综合设计实验，结合一个选题，综合运用有关知识设计实验内容，提高学生分析问题、解决问题的能力。附录为实验室安全及实验过程中常用仪器、材料、试剂、数据等的使用和处理，提高实验者的实验技能，强化实验安全意识。因此，本书作为植物生理学的实验教材，既可以加深学生对实验基本理论的理解，锻炼学生的实验操作技能，培养严谨的科学态度，又可以提高学生综合运用知识的能力和创新能力。同时，本书也可作为科研工作者的实验参考书。

本教材编者均为多年在植物生理学教学及科研一线的人员，结合个人的教学和研究领域分工编写各章内容。初稿完成后，各编写人员进行了交互审阅，就有关内容进行了研讨、补充，主编、副主编经过了多次修改，最后由主编路文静教授进行统稿完善。

本教材引用了国内外许多教材、著作及相关论文的内容和图表，同时，在编写过程中得到了中国林业出版社及各位编者所在院校的大力支持，在此一并表示感谢！

本教材编者在编写过程中力求严谨、认真、规范，但因水平有限，对书中可能存在的不妥或错误之处，恳请读者批评指正。

编　者

2011年5月

目 录

第 1 篇

植物的水分生理

实验一　植物组织中自由水和束缚水含量的测定

【实验目的】

了解植物组织中水分存在状态与植物生命活动的关系，熟悉折射仪的使用。

【实验原理】

植物组织中的水分以两种形式存在：一种是和原生质胶体紧密结合着的束缚水；另一种是不与原生质胶体紧密结合而可以自由移动的自由水。自由水与束缚水含量的高低与植物的生长及抗逆性存在密切关系。自由水/束缚水比值较高时，植物组织或器官的代谢活动一般比较旺盛，生长也较快；反之，则生长可能较缓慢，但抗逆性可能较强。因此，自由水和束缚水的相对含量可以作为植物组织代谢活动及抗逆性强弱的重要指标。

束缚水被细胞原生质胶体颗粒吸附不易移动，不易蒸发和结冰，不能作为溶剂，也不易被溶质夺取，所以当植物组织被浸入到较浓的糖溶液中一定时间后，易移动的自由水可全部扩散到糖液中，组织中便只留下不易移动的束缚水。自由水扩散到糖液后(相当于增加了溶液中的溶剂)，便增加了糖液的重量，同时降低了糖液的浓度。用浓度降低了的糖液的重量减去原来高浓度糖液的重量即为植物组织中自由水的量(即扩散到高浓度糖液中的水量)。最后，用同样植物组织的总含水量减去此自由水含量即是植物组织中束缚水含量。

【实验条件】

1. 材料

新鲜植物叶片。

2. 试剂

65%~75%的蔗糖溶液：用托盘天平称取蔗糖65~75 g，置烧杯中，加蒸馏水25~35 g，使溶液总重量为100 g，溶解后备用。

3. 仪器用具

阿贝折射仪，分析天平(感量0.1 mg)，烘箱，干燥器，超级恒温水浴，称量瓶，打孔器(直径0.5 cm)，烧杯，瓷盘，托盘天平(感量0.1 g)，量筒，吸滤管，移液管，洗耳球。

【方法步骤】

(1)取称量瓶2个，洗净、烘干、称重后备用。

(2)在田间选定待测作物，摘取在生长部位、叶龄等方面较一致的叶片。

(3)用直径0.5 cm打孔器在叶子的半边钻取小圆片，每叶5片，共取50片，放入1号称量瓶中，盖紧，称重；在叶子的另半边的对称位置上同样钻取5个小圆片，共取50片，放入2号称量瓶中，盖紧，称重。然后分别计算1号和2号称量瓶中样品鲜重m_{f1}和m_{f2}。

(4)将1号称量瓶置烘箱中，于105 ℃烘15 min，再于80 ℃烘至恒重，称量并计算1号称量瓶中样品干重m_{d1}。

(5)用移液管吸取5 mL质量浓度为65%~75%的蔗糖溶液，加到2号称量瓶中，加盖后在分析天平上称量，求得所加蔗糖溶液的质量 m_B。小心摇动瓶中溶液，使之与样品混合均匀，放在阴凉处 4~5 h，期间要经常摇动。

(6)将折射仪与超级恒温水浴相连，水温调到 20 ℃。

(7)用吸滤管(在玻璃管的一端塞上少许脱脂棉，另一端配上橡皮吸头)吸取 2 号瓶中上层透明的溶液少许，滴一滴在折射仪棱镜的毛玻璃片上，旋紧棱镜，测定浸出液的含糖质量浓度百分数 B_2。棱镜用蒸馏水清洗，再用同样方法测定原来蔗糖溶液的含糖质量浓度百分数 B_1。

【结果与分析】

$$组织总含水量(\%) = [(m_{f1} - m_{d1})/m_{f1}] \times 100 \tag{1-1}$$

$$自由水含量(\%) = m_B(B_1 - B_2)/(B_2 \times m_{f2}) \tag{1-2}$$

$$束缚水含量 = 组织总含水量 - 组织中自由水含量 \tag{1-3}$$

式中　m_{f1}，m_{f2}——分别为 1 号，2 号称量瓶中样品鲜重(g)；

m_{d1}——1 号称量瓶中样品干重(g)；

m_B——2 号称量瓶中所加蔗糖溶液的质量(g)；

B_1，B_2——蔗糖溶液加入样品前后的质量浓度(%)。

【注意事项】

1. 用于计算总含水量的叶圆片和用于测定自由水含量的叶圆片需在相同叶片的对称部位钻取。

2. 用折射仪测定蔗糖浓度时恒温水浴的温度控制在 20 ℃。

【思考题】

1. 植物组织中的自由水与束缚水的生理作用有何不同?

2. 自由水/束缚水比值的大小与生长及抗性关系如何?

(贾晓梅)

实验二　植物细胞质壁分离现象观察及渗透势的测定

【实验目的】

观察植物组织在不同浓度溶液中细胞质壁分离产生的过程，掌握质壁分离法测定植物组织渗透势的原理和方法。

【实验原理】

将植物组织放入一系列不同浓度的蔗糖溶液中，经过一段时间，植物细胞与蔗糖溶液之间将达到渗透平衡状态。如果在某一溶液中细胞脱水达到平衡时刚好处于临界质壁分离状态，则细胞的压力势 ψ_p 下降为零。此时细胞液的渗透势 ψ_s 等于外界溶液的渗透势 ψ_{s0}，即 $\psi_s = \psi_{s0}$，此溶液称为该组织的等渗溶液，其浓度称为该组织的等渗浓度。因此，只要测出植物组织的等渗浓度，即可计算出细胞液的渗透势 ψ_s。实际测定时，由于临界质壁分离状态难以在显微镜下直接观察到，故当用一系列梯度浓度溶液观察质壁分离现象时，细胞的等渗浓度是将介于刚刚引起初始质壁分离的浓度和尚不能引起质壁分离的浓度之间的溶液浓度。

【实验条件】

1. 材料

洋葱鳞茎或紫鸭跖草叶片。

2. 试剂

100 mL 浓度为 1.00 mol · L^{-1}的蔗糖溶液，用蒸馏水配成 0.10 mol · L^{-1}、0.15 mol · L^{-1}、0.20 mol · L^{-1}、0.25 mol · L^{-1}、0.30 mol · L^{-1}、0.35 mol · L^{-1}、0.40 mol · L^{-1}、0.45 mol · L^{-1}、0.50 mol · L^{-1}的蔗糖溶液各 50 mL。

3. 仪器用具

显微镜，载玻片，盖玻片，尖头镊子，刀片，培养皿，吸水纸等。

【方法步骤】

（1）取干燥洁净的培养皿编号，将配制好的不同浓度蔗糖溶液按顺序加入各培养皿中一薄层，盖好培养皿盖备用。

（2）用镊子剥取或用刀片小心刮取带有色素的洋葱鳞茎或紫鸭跖草叶片下表皮，大小以 0.5 cm^2为宜。吸去切片表面水分，立即浸入不同浓度的蔗糖溶液中，使其完全浸入 5 ~ 10 min，每一浓度浸泡 4 ~ 6 片。

（3）从浓度 0.5 mol · L^{-1}蔗糖溶液开始依次取出表皮薄片放在滴有同样溶液的载玻片上，盖上盖玻片，于低倍显微镜下观察。如果所有细胞都产生质壁分离的现象，则取低浓度溶液中的制片作同样观察，并记录质壁分离的相对程度。

（4）实验中必须确定一个引起半数以上细胞原生质刚刚从细胞壁的角隅上分离的浓度，和一个不引起质壁分离的最高浓度。

（5）在找到上述浓度极限时，用新的溶液和新鲜的叶片重复进行几次，直至有把握确定为止。在此条件下，细胞的渗透势与两个极限溶液浓度之平均值的渗透势相等。将结果记录于表中。

测出引起质壁分离刚开始的蔗糖溶液最低浓度和不能引起质壁分离的最高浓度平均值之后，可按式(1-4)计算在常压下该组织细胞的渗透势。

$$\psi_s = -iCRT \tag{1-4}$$

式中 ψ_s——细胞渗透势；

i——溶液的解离系数（蔗糖溶液的 $i = 1$）；

C——等渗溶液的浓度（mol · L^{-1}）；

T——绝对温度（K），$T = 273 + t$，t 为实验室的摄氏温度；

R——气体常数（MPa · L · mol^{-1} · K^{-1}），$R = 0.008\ 314$。

【结果与分析】

测定并计算不同植物组织的渗透势。

【注意事项】

1. 取下的表皮组织必须完全浸没于溶液中。
2. 材料的浸泡时间要求一致。

【思考题】

1. 叙述细胞渗透作用的原理。

2. 比较不同植物组织的渗透势有何差异?

（贾晓梅）

实验三　植物组织水势的测定

【实验目的】

了解植物组织中水势测定的几种方法和它们的优缺点。

3.1　小液流法

【实验原理】

水势表示水的化学势，水分从水势高处流向水势低处。植物体细胞之间、组织之间以及植物体和环境之间的水分移动方向都由水势决定。当植物细胞或组织置于一系列浓度递增的溶液中时，如果植物组织的水势小于溶液的渗透势，则组织吸水而使外界溶液浓度变大；反之，则组织水分外流而使外界溶液浓度变小。若植物组织的水势与溶液的渗透势相等，则二者水分保持动态平衡，所以外界溶液浓度不变，此时外界溶液的渗透势即等于所测植物组织的水势。溶液浓度不同，比重不同。当两种不同浓度的溶液相遇时，稀溶液由于比重小而上浮，浓溶液则由于比重较大而下沉。取浸过植物组织的溶液一小滴(为了便于观察可先染色)，放在原来浓度的溶液中，观察液滴升降情况即可判断浓度的变化，如小液滴不动，则表示溶液浸过植物组织后浓度未变，即外界溶液的渗透势等于组织的水势。

【实验条件】

1. 材料

胡萝卜肉质根或其他植物的叶片。

2. 试剂

甲烯蓝溶液，1 mol · L^{-1}蔗糖溶液母液。

3. 仪器用具

青霉素瓶或小试管(12 × 10 mm)6 支(均具塞)，大试管(15 × 150 mm)6 支(具塞)，10 mL移液管 2 支，1 mL 移液管 2 支，毛细滴管 6 支，打孔器 1 个，温度计 1 支，解剖针 1 支，镊子 1 把，洗耳球 1 个。

【方法步骤】

(1)以 1 mol · L^{-1}蔗糖溶液为母液，配制一系列不同浓度的蔗糖溶液(0.05，0.1，0.2，0.3，0.4，0.5 mol · L^{-1})于 6 支干净、干燥的大试管中，各管加塞，并编号。按编号顺序在试管架上排成一列，作为对照组。

(2)另取6支干净、干燥的小试管或青霉素瓶，编好号，按顺序放在试管架上，作为试验组。然后由对照组的各试管中分别取溶液1 mL移入相同编号的实验组试管中，加塞，备用。

(3)取胡萝卜肉质根或剪下具有代表性的新鲜叶片，用打孔器制作成均匀的组织圆片。迅速将适量组织圆片放入每个小试管或青霉素瓶中。一般胡萝卜肉质根放入8片(厚约1 mm)左右，叶片材料放入20片左右。摇动小瓶，使植物材料浸入到溶液中。注意这个过程操作要快，防止水分蒸发。放置20 min，在此期间摇动小瓶2～3次，使组织和溶液之间进行充分的水分交换。

(4)20 min后，分别在各小瓶中加入甲烯蓝溶液少许，摇匀，使溶液呈淡蓝色。按浓度依次分别用毛细吸管吸取蓝色溶液，轻轻插入相应浓度的试管中，伸至溶液中部，小心缓慢地放出蓝色溶液一小滴，慢慢取出毛细管(注意避免搅混溶液)。观察并记录液滴的升降情况：如果有色液滴向上移动，说明浸过植物组织的蔗糖溶液浓度变小，植物组织失水，表明植物组织的水势高于该浓度溶液的渗透势；如果有色液滴向下移动，说明浸过植物组织的蔗糖溶液浓度变大，植物组织吸水，表明植物组织的水势低于该浓度溶液的渗透势；如果液滴静止不动，则说明植物组织的水势等于该浓度溶液的渗透势。在测定中，如果在前一浓度溶液中液滴下降，而在后一浓度溶液中液滴上升，则该组织的水势为两种浓度溶液渗透势的平均值。

【结果与分析】

记录液滴静止不动的试管中蔗糖溶液的浓度。由所得到的等渗浓度和测定的室温，按式(1-5)计算植物组织的水势。

$$\psi_w = \psi_s = -iCRT \tag{1-5}$$

式中 ψ_w——植物组织水势(MPa)；

ψ_s——外界溶液渗透势(MPa)；

i——溶液的解离系数(蔗糖溶液的 $i = 1$)；

C——等渗溶液的浓度($mol \cdot L^{-1}$)；

R——气体常数，$R = 0.008\ 314$($MPa \cdot L \cdot mol^{-1} \cdot K^{-1}$)；

T——绝对温度(K)，$T = 273 + t$，t 为实验时的摄氏温度。

【注意事项】

1. 实验材料的取样部位要一致，若为叶片组织要避开大的叶脉部分。
2. 植物组织材料制作成圆片的过程操作要迅速，避免失水。
3. 溶液染色时加入甲烯蓝溶液要适量，多则影响溶液浓度。

3.2　露点法

【实验原理】

将叶片或组织汁液密闭在体积很小的样品室内，经一定时间后，样品室内的空气和植物样品将达到温度和水势的平衡状态。此时，气体的水势(以蒸气压表示)与叶片的水势(或组织汁液的渗透势)相等。因此，只要测出样品室内空气的蒸气压，便可知道植物组织的水势(或汁液的渗透势)。由于空气的蒸气压与其露点温度具有严格的定量关系，通过测定样品室内空气的露点温度可得知其蒸气压。露点微伏压计装有高分辨能力的热电偶，热电偶的一个结点便安装在样品室的上部。测量时，首先给热电偶施加反向电流，使样品室内的热电偶结点降温，当结点温度降至露点温度以下时，将有少量液态水凝结在结点表面，此时切断反向电流，并根据热电偶的输出电位记录结点温度变化。开始时，结点温度因热交换平衡而很快上升；随后，则因表面水分蒸发带走热量，而使其温度保持在露点温度，呈现短时间的稳衡状态；待结点表面水分蒸发完毕后，其温度将再次上升，直至恢复原来的温度平衡。记录下稳衡状态的温度，便可将其换算成待测样品的水势或渗透势。

【实验条件】

1. 材料

植物叶片。

2. 仪器用具

美国 Wescor 公司生产的 Psypro 露点水势测量系统是在 HR-33T 露点水势仪的基础上研发的新产品，是一个内含电子系统的通过热电偶传感器来专门测量水势的仪器(图 1-1)。它包含有在露点温度下自动维持热电偶结点温度的持续感应与控制电路，以露点方式进行工作。仪器配套的 C-52 和 L-51 型样品室的基本结构都是由一个灵敏的热电偶和一个铝合金制的隔热性很好的叶室组成。前者用于离体叶片水势测定，后者主要用于活体测定。

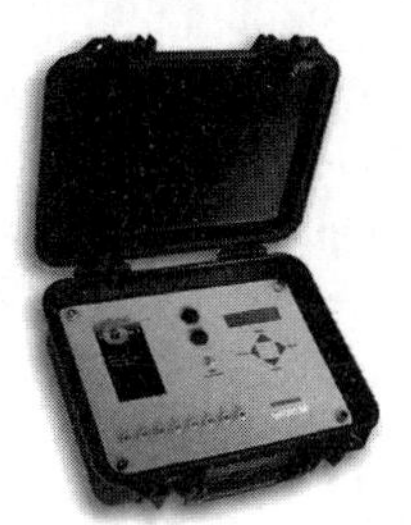

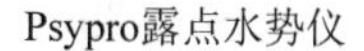

Psypro露点水势仪　　L-51原位叶片探头　　C-52样品室

图 1-1　Psypro 露点水势测量系统

【方法步骤】

实验以 Psypro 露点水势测量系统为例。

(1)连接 Psypro 到一台电脑。

(2)安装 Psypro 露点水势测量系统操作软件。

(3)通过 Psypro 上的 8 通道接口连接 L-51 原位叶片探头或 C-52 样品室。

(4)打开 Psypro 上的开关按钮，从电脑上通过软件操作界面与 Psypro 建立联系。

(5)设置日期和时间，设置 Psypro 的测试参数(多数为默认值)。

(6)点击软件操作界面上的 Logging ON 按钮，Psypro 露点水势测量系统开始测量、记录。

(7)点击操作界面上的“save PSYPRO data”从 Psypro 下载数据到电脑，data file 以 Microsoft Excel 显示。

【结果与分析】

(1)L-51 原位叶片探头、C-52 样品室分别测定。测定某一植物在不同土壤水分条件下叶片水势，每种叶片水势以 3~5 次稳衡状态的水势的平均值为计算结果(单位为 MPa)，对数据进行比较分析。

(2)分析 L-51 原位叶片探头、C-52 样品室分别测定的同一叶片水势差异的原因。

【注意事项】

1. 样品水势不同，所需平衡时间不同，样品水势越低，所需平衡时间越长。平衡时间过短，不能测出正确结果；平衡时间太长，也会造成实验误差。

2. 在使用 C-52 样品室时，切勿将样品放得高出或大于样品室小槽；测定完毕后，一定要将样品室顶部的旋钮旋起足够高以后才可将样品室的拉杆拉出，否则将损伤热电偶。

3.3　折射仪法

【实验原理】

溶液折射率的大小受溶液浓度和温度的影响，温度一定时，溶液浓度越大，其折射率越高；浓度越小，其折射率越低；浓度不变，其折射率也不变。当植物细胞或组织放在外界溶液中时，如果植物的水势小于溶液的渗透势，则组织吸水、体积变大并使外界溶液浓度变大；反之，则植物细胞内水分外流，植物组织体积变小并使外界溶液浓度降低；若植物组织的水势与溶液的渗透势相等，则二者水分进出保持动态平衡，所以外部溶液浓度不变，此时溶液的渗透势即等于所测植物组织的水势。本法采用折射仪来测定实验前后外界溶液折射率的变化以确定等渗浓度，测定植物组织的水势。

【实验条件】

1. 材料

植物叶片。

2. 试剂

1 $mol \cdot L^{-1}$蔗糖溶液。

3. 仪器用具

阿贝折射仪，温度计，试管，移液管，打孔器(直径 0.5 cm)，镊子，洗耳球。

【方法步骤】

(1)用 1 $mol \cdot L^{-1}$蔗糖母液配制一系列不同浓度的蔗糖溶液(0.1、0.2、0.3、0.4、0.5、0.6、0.7、0.8 $mol \cdot L^{-1}$)各 5 mL，注入 8 支编号的试管中，各管都加上塞子，按编号顺序放置在试管架上。

(2)用阿贝折射仪分别测定 1~8 管的折光系数。

(3)用打孔器在叶片中部靠近主脉附近打取叶圆片，随机取样，浸入 1~8 号试管中，每管放入相等数目(10~15 片)的叶圆片，加塞，放置 30 min，其间摇动数次。然后用阿贝折射仪再次测定蔗糖溶液的折光系数。

(4)前后两次测定其折光系数不变或变化很小的试管中的糖浓度即为等渗浓度或近似等渗浓度。叶片的水势与此种溶液的渗透势相等。

【结果与分析】

根据式(1-6)计算植物组织的水势。

$$\psi_w = \psi_s = -iCRT \tag{1-6}$$

式中　各符号意义同式(1-5)。

【注意事项】

折射仪法前后两次测定溶液的折光系数时的温度必须一致。

3.4　压力室法

【实验原理】

植物叶片通过蒸腾作用不断地向周围环境散失水分，产生蒸腾拉力。导管中的水分由于内聚力的作用而形成连续的水柱。因此，对于蒸腾着的植物，其导管中的水柱由于蒸腾拉力的作用，承受着一定的张力或负压，使水分连贯地向上运输。当叶片或枝条被切断时，木质部中的液流由于张力解除迅速缩回木质部。将叶片装入压力室钢筒，叶柄切口朝外，逐渐加压，直到导管中的液流恰好在切口处显露时，所施加的压力正好抵偿了完整植株导管中的原始负压。这时所施加的压力值(通常称为平衡压)将叶片中的水势提高到相当于开放大气中的导管中液体渗透势。由于通过导管周围完整活细胞半透膜进入木质部导管的汁液，其渗透势常接近于零(活性溶质含量很低)，因此，则有下式成立：

$$P + \psi_w = \psi_s \approx 0 \quad 则 \quad \psi_w = -P \tag{1-7}$$

式中　P——平衡压(MPa)；

ψ_w——叶片或枝条的水势(MPa)；

ψ_s——木质部汁液的渗透势(MPa)。

【实验条件】

1. 材料

植物叶片或小枝条。

2. 仪器用具

压力室1台，目前国内多用美国、日本进口压力室，无论哪种压力室，其结构原理相同；充满压缩氮气(氮气含量95%左右)的钢瓶1个；剪刀1把；双面刀片；放大镜；塑料袋；纱布。

【方法步骤】

1. 器材准备

将压力室的高压软管末端与钢瓶的出气口对接。压力室主控阀旋转到“关闭”位置。顺时针方向旋紧计量阀。取下压力室的压帽，逆时针旋转压帽上的固定样品的螺栓，将压帽竖放在样品处理板的凹槽内。打开高压气瓶的气封阀。在钢筒内侧粘贴一层湿滤纸，以减少水分蒸发导致的水势降低。选取一定叶位的叶片(或小枝条)，从叶柄处切断，切口要平(若室外取样，可将叶片放入塑料袋中，在塑料袋中放一块潮湿纱布，迅速带回)。将叶片迅速装入夹样器的中央孔中，切口露出垫圈 3～5 mm，旋紧螺旋环套。将夹样器迅速放入钢筒内，顺时针方向旋转锁定夹样器。

2. 加压测定

旋转调压三通阀到“加压”位置，打开调压阀，以 0.05 $MPa \cdot s^{-1}$ 的速度加压。左手持放大镜从侧面仔细观察样品切口的变化，当切口出现水膜时，迅速关闭调压三通阀，记录压力表读数，此即平衡压。

3. 重复测定

旋转三通阀排气，使压力读数降低 0.1～0.2 MPa，再重新测定平衡压。用两次结果的平均值表示样品水势值。

4. 减压

把调压三通阀旋转至“排气”位置，放气，压力表指针退回零。将夹样器逆时针方向旋转，取出夹样器，再进行第二个样品的测定。

【结果与分析】

对测定的实验数据进行统计分析。

【注意事项】

1. 装样时螺旋环套不要拧得太紧，以免压伤植物组织。

2. 加压速度不能太快，接近叶片水势时加压速度要缓慢，否则会影响测量精度。

【思考题】

1. 在小液流法实验中，与植物组织水势相等的外界溶液是否为等渗溶液，为什么？

2. 在植物水势测定的露点法中，如何理解叶片水势越低，所需平衡时间越长？

（李奕松　贾晓梅）

实验四　植物伤流液的收集及成分分析

【实验目的】

通过实验掌握植物伤流液的收集及成分分析方法；证明根系不仅是吸收物质的器官，同时也是合成物质的器官。

【实验原理】

当植物地上部分被切去时，不久即有液滴从切口流出，这种现象称为伤流，流出的汁液称为伤流液。伤流是由根压引起的。伤流液的数量和其中的成分可反映根系生理活动的强弱。用蒽酮试剂和茚三酮试剂可以鉴定出伤流液中的可溶性糖和氨基酸，通过显色反应可以鉴定根系从土壤中吸收的一些无机盐成分。

【实验条件】

1. 材料

茎基部直径约 1 cm 的植株。

2. 试剂

(1)蒽酮试剂配制：称取 1 g 蒽酮溶于 1000 mL 稀硫酸(将 760 mL 相对密度为 1.84 的硫酸用蒸馏水稀释成 1000 mL)溶液中。

(2)茚三酮试剂配制：0.10 g 茚三酮溶于 100 mL 95% 的乙醇中。

(3)二苯胺试剂配制：0.05～1.00 g 二苯胺溶于 6 mL 浓硫酸中。

(4)萘氏试剂配制：称取 11.50 g HgI_2，8.00 g KI，溶于 50 mL 蒸馏水中，再加入 50 mL 6 $mol \cdot L^{-1}$ NaOH 溶液，如产生沉淀可以过滤，装于棕色瓶中暗处保存。

(5)饱和醋酸钠溶液配制：12.00 g 醋酸钠在 10 mL 水中加热溶解后，冷却，过滤取清液。

(6)钼酸铵硝酸溶液配制：5.00 g 钼酸铵溶于 65 mL 冷水中，注入 35 mL 相对密度为 1.2 的硝酸。

(7)0.5% 联苯胺溶液(有毒，注意安全)。

(8)0.05% 硝酸银溶液。

(9)固体亚硝酸钴钠。

3. 仪器用具

分光光度计，恒温水浴锅，刀片，移液管，容量瓶，电子天平，塑料薄膜，试管，洗耳球，白瓷板。

【方法步骤】

1. 伤流液的收集

选择生长健壮大小适合的植株，在离地面 3～5 cm 处用刀切去地上部分，在地面断茎上套上橡皮管，将已弯好的引流玻管较短一端套入橡皮管，较长一端插入刻度试管。整个过程要防止伤流液漏出，并用塑料薄膜封住管口以免伤流液蒸发和外界污物进入。收集时间依具体情况而定。记录收集伤流液的时间和伤流液量，并计算单位时间内的伤流量($mL \cdot h^{-1}$)。

2. 可溶性糖的鉴定

取 1 mL 伤流液和 1 mL 蒸馏水分别加入两支干净的试管中，再分别加入蒽酮试剂 5 mL 混匀，置于沸水浴中 5～10 min，绿颜色出现即表示有糖的存在，其深浅与糖的含量成正比。具体测定方法和计算方法见 3.8。

3. 氨基酸的鉴定

取伤流液 1 mL 于干净试管中，加入茚三酮试剂 3～4 滴混合，置于沸水浴中 5～10 min，颜色变为蓝色表示有氨基酸存在。具体测定方法和计算方法见 3.9。

4. 硝态氮的鉴定

硝态氮(NO_3^-)在浓硫酸中能将无色的二苯胺氧化生成蓝色化合物。取一滴伤流液在白瓷板上，加一滴二苯胺试剂，如有蓝色出现，说明伤流液中有 NO_3^- 存在。

5. 铵态氮的鉴定

萘氏试剂与铵态氮(NH_4^+)反应生成红色沉淀，在很少时呈黄色。取一滴伤流液在白瓷板上，加一滴萘氏试剂，如有黄色出现，说明伤流液中有 NH_4^+ 存在。

6. 无机磷的鉴定

钼酸铵遇磷酸生成磷钼酸铵，它的氧化能力极强，可以将难以被钼酸或钼酸盐氧化的联苯胺氧化，生成钼蓝和联苯胺蓝两种蓝色物质。取一滴伤流液在白瓷板上，加一滴钼酸铵溶液，干燥后加一滴联苯胺溶液和一滴饱和醋酸钠溶液，如有蓝色出现，说明伤流液中有磷存在。

7. 钾离子的鉴定

中性或微酸性的钾盐溶液加入亚硝酸钴钠生成黄色晶状的亚硝酸钴钠钾，如有硝酸银存在，则形成亚硝酸钴银钾沉淀。铵盐能干扰该反应。取一滴伤流液在白瓷板上，放在 70 ℃烘箱中片刻，将 NH_3逸出，再加一滴硝酸银和少许固体亚硝酸钴钠，荧光黄色混浊出现指示钾的存在。

【结果与分析】

植物根系是植物吸收水分和矿质元素的重要器官，也是许多重要物质的合成和贮存器官。伤流液中含有糖、氨基酸、激素等多种物质成分，伤流量的多少受土壤水分、温度、通气状况等外部因素的影响，也与植株生长、根系发达程度及生命活动强弱等内部因素有关。因此，伤流液的数量和其中有效成分含量可作为根系活力强弱的指标。

【注意事项】

利用伤流液可鉴定这些大量物质的存在，也可通过点滴显色反应，检测一些特殊物质的存在，伤流液一般无色，这是它的一大优点。

【思考题】

1. 试比较不同植物的伤流量及糖和氨基酸的相对含量。
2. 伤流量的多少及伤流液的成分受哪些环境因子的影响？

（郭红彦）

实验五　植物蒸腾速率的测定

【实验目的】

蒸腾速率又称蒸腾强度，是计量蒸腾作用强弱的一项重要指标，其快慢受植物形态结构和多种外界因素的综合影响，所以在研究植物水分代谢时，常需测定此项指标。通过本实验，要求掌握植物蒸腾强度测定的原理和方法。

5.1　钴纸法

【实验原理】

本实验方法是根据氯化钴纸在干燥时为蓝色，当吸收水分后变为粉红色，根据变色所需时间的长短，然后按钴纸标准吸水量计算出植物蒸腾强度。

【实验条件】

1. 材料

可选择不同植物或品种的功能叶片，或同一植物不同部位的叶片。

2. 试剂

5%氯化钴溶液配制：9.2 g $CoCl_2 \cdot 6H_2O$ 用蒸馏水配成 100 mL，其中滴几滴盐酸调成弱酸性。

3. 仪器用具

扭力天平，烘箱，干燥器，光照培养箱，镊子，剪刀，玻璃板，载玻片，薄橡皮，具塞指管，秒表。

【方法步骤】

1. 氯化钴纸的制备

选取优质滤纸，剪成 0.8 cm 宽、20 cm 长的滤纸条，浸入 5%氯化钴溶液中，待浸透后取出，用吸水纸吸去多余的溶液，将其平铺在干洁的玻璃板上，然后置于 60 ~ 80 ℃烘箱中烘干，选取颜色均一的钴纸条，小心而精确地切成 0.8 cm 的小方块，再行烘干，取出贮于具塞指管中，再放入氯化钙干燥器中备用。

2. 钴纸标准化

使用前，测出每钴纸小方块由蓝色转变成粉红色需吸收多少水量。将扭力天平置于 25 ℃、53%相对湿度的光照培养箱中，取 1 ~ 2 片钴纸小方块，置于扭力天平上称重，并记下开始称重的时间，每隔 1 min 记一次重量，当钴纸由蓝色全部变为粉红色时，准确记下重量和时间。如此重复数次，计算出钴纸小方块由蓝色变为粉红色时平均吸收多少水量(mg)，作为钴纸标准吸水量，以 x 表示。

3. 蒸腾强度的测定

取二片载玻片，再取一小块薄橡皮，并在其中央开 1 cm^2 的小孔，用胶水将它固定在玻片当中，另准备一只弹簧夹。用镊子从干燥器(管)中取出钴纸小块，放在玻片上的橡皮小孔中，立即置于待测植物叶子的背面(或正面)，将另一玻片在叶子的正面(或背面)的相应位置上，用夹子夹紧，同时记下时间，注意观察钴纸的颜色变化，待钴纸全部变为粉红色时，记下时间。以时间的长短作相对比较，可用钴纸小方块的标准吸水量和小纸块由蓝色变为粉红色所需的时间来计算所测定叶片表面的蒸腾强度，单位为 $mg \cdot cm^{-2} \cdot min^{-1}$。

【结果与分析】

叶片的蒸腾强度按式(1-8)计算。

$$T = 60x/t \qquad (1\text{-}8)$$

式中　x——钴纸标准吸水量(mg)；

t——钴纸由蓝色变为粉红色所需时间(s)；

60——每分钟为 60 s。

【注意事项】

1. 本实验可选择不同植物的功能叶片，或同一植物的不同部位的叶片测其蒸腾强度，或者可测定植物在不同环境条件下的蒸腾强度。例如，光和暗对植物蒸腾作用的影响，事先把一组盆栽的蚕豆、小麦或其他植物放在黑暗中过夜或几个小时，另一组放在光下，二者都要适当浇水，分别测其蒸腾强度(注：黑暗中的植物在测定时可移到实验室柔和的光线下进行)。

2. 每一处理最少要测 10 次左右，然后求其平均值。

3. 氯化钴试纸不得用手接触或在空气中暴露较长时间，避免受潮变色。

4. 试纸要紧贴叶面不留空隙。

5.2 快速称重法

【实验原理】

植物蒸腾失水，质量减轻，故可用称重法测得植物材料在一定时间内所失水量而算出蒸腾速率。植物叶片在离体后的短时间内(数分钟)，蒸腾失水不多时，失水速率可基本保持恒定，但随着失水量的增加，气孔开始关闭，蒸腾速率将逐渐减少，故此实验应快速(在数分钟内)完成。

为了快速称重，可用感量为0.01 g的电子顶载天平或普通托盘天平稍加改制成为快速称重天平。

【实验条件】

1. 材料

番茄、向日葵或其他植物的枝条。

2. 仪器用具

快速称重法测定蒸腾装置：包括防风玻璃箱，木架及电子顶载天平(感量0.01 g)，或托盘扭力天平(感量0.01 g，附砝码)，或经过改制的横梁式托盘天平(感量0.1 g)，镊子1把，剪刀1把，铁夹1只，透明方格板一块。

【方法步骤】

1. 普通托盘天平的改制

取一架具有横梁游码的托盘天平(感量0.1 g)，将一块扇形硬纸板或塑料板固定在天平的中央，并用细铁丝加长指针，使指针尖端恰在纸片的上缘。调节天平零点，使指针偏于扇形板左方，记下记号作为零点。再在天平右盘内增加1 g砝码，使指针偏右，再作下记号。然后在两记号间等分10小格，每格等于0.1 g。使用时可根据指针移动的格数，迅速测出1 g以下重量的变化。使用时，将改制的天平置于特制的玻璃箱内，以保证称重时不受风的影响。

2. 测定

在待测植株上选一枝条，重约20 g(使在3~5 min内蒸腾水量近1 g，而失水不超过含水量的10%)，在基部缠线以便悬挂，然后剪下立即称重，称重后记录时间和质量并迅速放回原处(可用夹子将离体枝条夹在原母枝上)，使在原来环境下进行蒸腾。将到3 min或5 min时，迅速取下重新称重，准确记录3 min或5 min内的蒸腾失水量。称重要快，要求两次称重的质量变化不超过1 g，以便从指针在扇形纸板上偏移的格数即可确定蒸腾失水量。

【结果与分析】

用叶面积仪或透明方格板计算所测枝条上的叶面积(cm^2)，按式(1-9)求出蒸腾速率。

$$\text{蒸腾速率} = \frac{\text{蒸腾失水量}}{\text{蒸腾叶面积} \times \text{测定时间}} \tag{1-9}$$

常用单位为$g \cdot m^{-2} \cdot h^{-1}$。

针叶树类不便计算叶面积的植物，可于第二次称重后摘下针叶，再称枝重，用第一次称得的质量减去摘叶后质量，即为针叶(蒸腾组织)的原始鲜重，再以式(1-10)求出蒸腾速率(每克叶片每小时蒸腾水分毫克数)。

$$蒸腾速率 = \frac{蒸腾失水量}{组织鲜重 \times 测定时间} \quad (1\text{-}10)$$

一般植物也可以鲜重为基础计算蒸腾速率，但应将嫩梢计算在蒸腾组织的质量之内。比较不同时间(晨、午、晚、夜)、不同部位(上、中、下)、不同环境(温、湿、风、光)或不同植物的蒸腾速率，把结果及当时气候条件记在表 1-1，并加以解释。

在测定蒸腾时间的同时，可附测气孔开闭情形以作参考。

表 1-1　蒸腾速率测定记载表

植物及部位	生长情况	重复	开始时间			叶面积(cm^2)	测定时间(min)	蒸腾水量(g)	蒸腾速率($g \cdot m^{-2} \cdot h^{-1}$)	当时天气	气孔开闭	备注
			h	min	s							

【注意事项】

1. 如果被测叶片有灰尘时，可在取样前用毛刷去掉，同时测定气温、日照、风速、空气湿度，便于比较。

2. 天平的灵敏度决定了该实验的精确度，因此应尽量使用灵敏度较高的天平。

3. 该方法尤其适合于测定较小枝条的蒸腾速率。

5.3　干燥管吸湿法

【实验原理】

用干燥管连接装有叶片的气室，由气泵抽气把气室空气流经干燥管，称取干燥剂单位时间增量以及测定叶面积便可计算蒸腾速率。该法可测定活体植株的蒸腾速率。

【实验条件】

1. 材料

植物叶片。

2. 试剂

干燥剂，可用无水 $CaCl_2$。

3. 仪器用具

吸湿测定装置 1 套：由干燥管、大气采样器与叶室组成，叶室可用有机玻璃或玻璃制作，干燥管中装有干燥剂，大气采样器中有一气泵与流量计(带干电池，可在野外工作)；铁架台一副(固定叶室用)；剪刀 1 把；天平(感量 0.01 g)；透明方格板(或便携式叶面积仪)。

【方法步骤】

(1)取装有干燥剂的干燥管 2 个，分别称重后，连同测定装置带入田间。

(2)在待测的植株旁，安置测定装置。

(3)先在叶室中不放叶片，将干燥管 1 装入测定装置中，开启大气采样器的气泵，定时抽气，5 min 后，将干燥管 1 取下，放入塑料袋中保存。

(4)将干燥管 2 装入测定装置，同时把要测定的叶片放入叶室，开启气泵以同样的流量定时抽气 5 min，然后将干燥管 2 取下，放在塑料袋中保存。

(5)用透明方格板，或便携式叶面积仪测定放入叶室中的叶片面积，测定完毕将干燥管及测定仪器带回实验室。

(6)用天平称取吸湿后的干燥管 1 与 2 的重量，并把测定数据填入表 1-2。

表 1-2 干燥管吸湿法测定蒸腾速率记载表

干燥管	原初重量 (g)	吸湿后称重 (g)	吸湿时间 (min)	吸湿水量 (g)	叶面积 (cm^2)	蒸腾速率 ($g \cdot m^{-2} \cdot s^{-1}$)
干燥管 1(对照用)						
干燥管 2(测定用)						

【结果与分析】

$$E = [(W_{2B} - W_{2A}) - (W_{1B} - W_{1A})] \div A \div t \tag{1-11}$$

式中 E——蒸腾速率($g \cdot m^{-2} \cdot s^{-1}$)；

A——蒸腾面积(m^2)；

t——蒸腾时间(h)，即为干燥管吸湿时间；

$(W_{1B} - W_{1A})$——干燥管 1 吸湿的水量(g)，其中 W_{1A} 为吸湿前的重量，W_{1B} 为吸湿后的重量；

$(W_{2B} - W_{2A})$——干燥管 2 吸湿的水量(g)，其中 W_{2A} 为吸湿前的重量，W_{2B} 为吸湿后的重量。

【注意事项】

1. 最好在光照强、田间湿度低时测定蒸腾速率。
2. 操作方法步骤中干燥管 1 与 2 流量计读数要一致。
3. 叶面积小或蒸腾速率低时，可通过延长抽气时间，来增加吸湿量。

【思考题】

1. 一般植物的蒸腾速率如何？
2. 测定蒸腾速率在水分生理研究上有何意义？
3. 测定蒸腾速率为什么要考虑到天气情况和气孔开闭情况？
4. 哪些因素会影响蒸腾速率的测定？可通过哪些途径来降低植物的蒸腾速率？
5. 将植物放在强光、黑暗、有风、密闭等不同的环境条件下测蒸腾速率，了解环境因素对蒸腾速率的影响。

（谢寅峰）

实验六　钾离子对气孔开度的影响

【实验目的】

了解钾离子对气孔开度的影响。

【实验原理】

保卫细胞的渗透系统可由钾离子调节，环式或非环式光合磷酸化都可形成ATP，ATP不断供给保卫细胞膜上的H^+-ATP酶，使保卫细胞中的H^+泵出，并从周围表皮细胞吸收钾离子，降低保卫细胞的水势，使保卫细胞吸水，气孔张开。

【实验条件】

1. 材料

蚕豆叶片。

2. 试剂

0.5%硝酸钾，0.5%硝酸钠，蒸馏水。

3. 仪器用具

显微镜，温箱，盖玻片，载玻片，培养皿，滴管。

【方法步骤】

(1)在3个培养皿中分别加入0.5% KNO_3、0.5% $NaNO_3$及蒸馏水15 mL。

(2)从植株上取一叶片，撕取下表皮置显微镜下观察，如有相当部分气孔已张开，则可撕蚕豆叶下表皮若干放入上述3个培养皿中。

(3)将培养皿放入25 ℃温箱中20~30 min，使溶液温度达到25 ℃。

(4)将培养皿置于光照条件下照光30 min，然后分别在显微镜下观察气孔开度。

【结果与分析】

(1)图示显微镜下观察到的各皿中叶片气孔的开度情况。

(2)分析不同的溶液环境对植物气孔开度的影响。

【注意事项】

1. 本实验供试材料除蚕豆外，还可选用鸭跖草或紫鸭趾草。
2. 实验结果可能受到气孔随处理时间的延长呈现有节律地开放和闭合情况的影响。
3. 浸泡时间要一致。

【思考题】

1. 钾离子引起气孔张开的原理是什么?
2. 比较在何种溶液中气孔的开度最大?原因何在?

（贾晓梅）

实验七 植物根系水力学导度(水导)的测定

【实验目的】

根系水力学导度受环境因子，如蒸腾强弱、土壤水分含量、营养状况、土温高低等因素的影响，还受根系自身发育状况、空间分布、解剖结构及代谢活性的影响。通过本实验，要求掌握植物根系水力学导度测定的原理和方法。

【实验原理】

植物根系水力学导度(root hydraulic conductivity, Lp_r，简称根系水导)是植物根系水力学特征的重要参数，可以反映植物根系的输水和导水性能，进而反映植物整体的水分状况。Lp_r可以在根细胞、单根和整株根系几个水平反映出来，测试方法有毛细管渗透计法、蒸腾法、压力室法和压力探针法等。本实验采用最简单的压力室法测定整株根系水导。Lp_r可以用单位压力(P, MPa)下溶液的流速(J_v, $m \cdot s^{-1}$)来表示。而溶液的流速可以通过给定压力下单位时间(t, s)内通过根系表面积(S, m^2)的溶液流量(Q_v, m^3)来进行计算。Lp_r的计算公式可以表示如下：

$$Lp_r = \frac{J_v}{P} = \frac{Q_v}{t \times S \times P} \tag{1-12}$$

因此，通过测定 Q_v、t、S、P 就可以计算植物根系水力学导度。

【实验条件】

1. 材料

各种植物根系。

2. 试剂

0.5% 甲基蓝溶液。

3. 仪器用具

压力室(3005 型)，高压氮气，电子天平(感量 0.000 1 g)，数字化扫描仪，根系分析软件(Image Analysis Software, CID Inc., Vancouver, WA)，双面刀片，镊子，透明硬玻璃纸，离心管(1.5 mL)。

【方法步骤】

1. 实验前准备

准备一个比所用型号压力室略小的有机玻璃杯，将其放入压力室内并加入蒸馏水至距杯口 3 ~ 5 cm 处，杯口略低于或恰好与压力室盖接触，不将水加满是为了形成一个空气层，保证水分只从导管而非外皮层向上运输。

2. 取样及安装

用双面刀片快速从植物茎基部切除地上部，留茎 1cm 左右，将根系小心穿过压力室盖(注意一定要根据茎的粗细选择与其匹配的压力室盖上的垫片型号，垫片太松加压时容易漏气，太紧容易使茎基部损伤)，压力室内未浸入水中的根段用液体石蜡涂封。

3. 测定

压力从 0 MPa 起始，每隔 0.2 MPa 加压一次，直至加到 1.0 MPa。每个压力下待液体流出速率稳定后(大约 1 min)，用 1.5 mL 离心管放入吸水纸吸取汁液，吸水时间可以统一为 60 s，然后在电子天平上称量吸水前后吸水纸的质量差，即为 60 s 内通过根段的水流量。完成不同压力下水流量的测定后，打开压力室，小心取出根系，冲洗后用 0.5% 甲基蓝染色 12 h，用吸水纸吸干根系表面残余的甲基蓝溶液，将根系平铺于透明硬玻璃纸上，并使根系各分支都展开，不重叠，然后用扫描仪扫描染色根系图像，再用图像分析软件测定根系的表面积。

整个实验至少重复测定 3~5 株植物。

【结果与分析】

采用直线回归法进行计算。

液汁流量(汁液的密度近似等于 $1\ g \cdot cm^{-3}$)除以根系表面积即得流速。用不同流速对相应的压力 P 作图，回归直线斜率即为植物整株根系水导 Lp_r。

【注意事项】

1. 操作尽量在恒温、恒压和光照相同的条件下进行。

2. 加速要均匀，且每测完 1 株，压力室内玻璃杯中的水要更换，以免外界溶液浓度不同而对实验结果造成影响。

3. 在用软件计算根系表面积时，不同处理间设定参数要相同。

【思考题】

1. 什么是植物根系水导？目前常用哪几种测试方法？

2. 压力室法测定根系水导的原理是什么？

(王文斌)

第2篇

植物的矿质营养

实验一 植物体内全氮、全磷、全钾含量测定

【实验目的】

氮、磷、钾被称为植物体的“生命元素”，其代谢在植物的新陈代谢中占主导地位。通过对植物体内氮、磷、钾含量的测定，可以了解植株体内氮、磷、钾的吸收、运输和代谢规律，了解不同的环境条件或栽培技术对植物吸收养分的影响，比较不同品种的营养特性，为选育优良品种和合理施肥提供依据，同时对了解农产品的品质、营养价值等也有一定参考价值。通过实验要求掌握作物全氮、全磷、全钾含量的测定原理和方法，学会使用凯氏定氮仪、分光光度计、火焰光度计等相关仪器。

【实验原理】

植物体中的氮、磷、钾通过硫酸和H_2O_2消化，使有机氮化物转化成铵态氮[$(NH_4)_2SO_4$]，各种形态磷化物转化成磷酸(H_3PO_4)，N、P、K均转变成可测的离子态($-NH_4^+$，$-PO_4^{3-}$，$-K^+$)。然后采用相应的方法分别测定其含量。

1. 全氮含量的测定原理[微量凯氏(Micro-Kjeldahl)定氮法]

在有催化剂的条件下，用浓硫酸消化样品，将有机氮转变成无机铵盐，然后在碱性条件下将铵盐转化为氨，随水蒸气馏出并被过量的酸液(硼酸)吸收，再用标准硫酸或盐酸滴定，直到硼酸溶液恢复原来的氢离子浓度。滴定消耗的标准硫酸或盐酸摩尔数即为NH_3的摩尔数，通过计算，可得出样品的含氮量。为了加速有机物质的分解，在消化时通常加入多种催化剂，如硫酸铜、硫酸钾等。由于蛋白质含氮量比较恒定，可由其含氮量计算蛋白质含量，故此法也是经典的蛋白质定量测定方法。主要反应如下：

(1)有机物中的氮在强热和浓H_2SO_4作用下，以$CuSO_4$、K_2SO_4为催化剂，硝化生成$(NH_4)_2SO_4$。

(2)$(NH_4)_2SO_4$在凯氏定氮器中与碱作用，通过蒸馏释放出NH_3，收集于H_3BO_3溶液中。反应式为：

$$(NH_4)_2SO_4 + 2NaOH = 2NH_3 + 2H_2O + Na_2SO_4$$

$$2NH_3 + 4H_3BO_3 = (NH_4)_2B_4O_7 + 5H_2O$$

(3)用已知浓度的H_2SO_4(或HCl)标准溶液滴定，根据H_2SO_4(或HCl)的消耗量计算出氮的含量，然后乘以相应的换算因子，即得蛋白质的含量。反应式为：

$$(NH_4)_2B_4O_7 + H_2SO_4 + 5H_2O = (NH_4)_2SO_4 + 4H_3BO_3$$

2. 全磷含量的测定原理(钒钼黄比色法)

植物样品经浓H_2SO_4消煮使各种形态的磷转变成磷酸盐。在酸性条件下，溶液中的磷酸根与偏钒酸盐和钼酸盐作用形成黄色的钒钼酸盐，其吸光度与溶液中磷浓度呈正比。可在波长400~490 nm处测定溶液的吸光度值，根据朗伯—比尔定律计算溶液中磷的浓度，再进一步计算单位植物材料的含磷量。磷浓度较高时选用较长的波长，浓度较低时选用较短波长。

3. 全钾含量的测定原理(火焰光度法)

含钾溶液雾化后与可燃气体(如汽化的汽油等)混合燃烧，其中的钾离子(基态)接受能量后，外层电子发生能级跃迁，呈激发态，由激发态变成基态过程中发射出特定波长的光线(称特征谱线)。单色器或滤光片将其分离出来，并通过光电检测器测出其数值。该数值与火焰中含有的钾离子数量成比例关系，据此可计算出钾的含量。

【实验条件】

1. 材料

各种干燥、过筛(60~80 目)的植物样品。

2. 试剂及配制

浓硫酸，30% H_2O_2，硫酸铜，硫酸钾，2% 硼酸溶液，30% 氢氧化钠溶液，0.025 mol·L^{-1} 硫酸标准溶液或0.05 mol·L^{-1}盐酸标准溶液，混合指示剂，钒钼酸试剂，2,4-二硝基酚指示剂，磷、钾混合标准液，7 mol·L^{-1} NaOH。

(1)混合指示剂配制：1 份 0.1% 甲基红乙醇溶液与 5 份 0.1% 溴甲酚绿乙醇溶液用前混合，或 2 份 0.1% 甲基红乙醇溶液与 1 份 0.1% 次甲基蓝乙醇溶液用前混合。

(2)钒钼酸试剂配制：25.0 g 钼酸铵[$(NH_4)_2Mo_7O_2 \cdot 4H_2O$]溶于 400 mL 水中，另取 1.25 g 偏钒酸铵(NH_4VO_3)溶于 300 mL 沸水中，冷却后加入 250 mL 浓硝酸，冷却后，将钼酸铵溶液慢慢地混入偏钒酸铵溶液中，边混边搅拌，用水稀释至 1000 mL。

(3)2,4-二硝基酚指示剂配制：0.25 g 2,4-二硝基酚溶于 100 mL 水中。

(4)磷、钾混合标准液配制：称取 105 ℃烘干的 KH_2PO_4 2.196 8 g，KCl 0.703 0 g，定容于 1000 mL，此为含磷 500 mg·L^{-1}，含钾 1000 mg·L^{-1}的混合标准溶液，取上液准确稀释 10 倍得到磷、钾含量分别为 50 mg·L^{-1}和 100 mg·L^{-1}的标准液，用于制作标准曲线。

3. 仪器用具

凯氏定氮仪，分光光度计，火焰光度计，消煮管，三角烧瓶，量筒，容量瓶(50 mL、100 mL)，锥形瓶(50 mL)，烧杯，移液管等。

【方法步骤】

1. 样品的消化

准确称取植物材料干粉 0.2 g，以长条硫酸纸放入消煮管底部，用滴管加入几滴蒸馏水以湿润样品，加入 0.2 g 硫酸铜—硫酸钾混合催化剂(K_2SO_4: $CuSO_4 \cdot 5H_2O$ 按 5:1 混合)，再徐徐加入 5 mL 浓硫酸。另取消煮管不加样品以测定试剂中微量氮作为对照。每个管口放一漏斗，在通风橱内的电炉上消化。

当消化开始时应控制火力，不要使液体冲到瓶颈。待瓶内水汽蒸完，硫酸开始分解并放出 SO_2 白烟后，适当加强火力，保持管内液体轻轻沸腾，继续消化，直至消化液呈透明无色或淡蓝色为止。消化过程中要时时转动消煮管，使样品始终在浓硫酸的回流中。消化完毕，关闭电炉，取下消煮管，冷却至室温后，将管中溶物倾入 50 mL 容量瓶中，并以少量蒸馏水洗消煮管 3 次，将洗液并入容量瓶，定容，混匀备用。

2. 氮的测定

(1)蒸馏

①蒸馏器的洗涤：蒸汽发生器中加入用几滴硫酸酸化的蒸馏水(以排水口高度为宜)，以

保持水呈酸性，加入数粒玻璃珠以防暴沸。将蒸汽发生器中的水烧开，然后使蒸馏水由加样室进入反应室，水即自动吸出，或打开自由夹，使冷水进入蒸汽发生器，也可使反应室中的水自动吸出，如此反复清洗3~5次。清洗后在冷凝管下端放一锥形瓶，瓶内盛有5 mL 2%硼酸溶液和1~2滴混合指示剂。蒸馏数分钟后，观察锥形瓶内溶液是否变色，如不变色则表明蒸馏装置内部已洗涤干净。

②蒸馏：50 mL锥形瓶数个，各加5 mL硼酸和1~2滴混合指示剂，溶液呈紫色，用表面皿覆盖备用。

③关闭冷凝水，打开自由夹，使蒸汽发生器与大气相通。将一个盛有硼酸和指示剂溶液的锥形瓶放在冷凝器下，并使冷凝器下端浸没在液体内。

④用移液管取5 mL消化液，细心地由加样室下端加入反应室，随后加入已准备好的30% NaOH溶液5 mL，关闭自由夹，打开冷凝水(注意不要过快过猛，以免水溢出)，在加样漏斗中加少量水作水封。加热蒸汽发生器，开始蒸馏。

⑤当观察到锥形瓶中的溶液由紫色变成蓝绿色时(约2~3 min)，开始计时，蒸馏3 min，移动锥形瓶，使冷凝器下端离开液面约1 cm，同时用少量蒸馏水洗涤冷凝管口外侧，继续蒸馏1 min，取下锥形瓶，用表面皿覆盖瓶口。

⑥蒸馏完毕后，立即清洗反应室，方法如前所述。清洗3~5次后将自由夹同时打开，将蒸汽发生器内的全部废水换掉。关闭夹子，再使蒸汽通过整个装置数分钟后，继续下一次蒸馏。待样品和空白消化液均蒸馏完毕，同时进行滴定。

(2)滴定

全部蒸馏完毕后，用标准硫酸或盐酸溶液滴定各锥形瓶中收集的氨，硼酸指示剂溶液由蓝绿色变为淡紫色为滴定终点。

(3)计算

$$样品中总氮量(\%) = [C \times (V_1 - V_2) \times 14 \times a] / (W \times 1000) \qquad (2\text{-}1)$$

式中 C——标准硫酸或盐酸溶液摩尔浓度($mol \cdot L^{-1}$)；

V_1——滴定样品用去的硫酸或盐酸溶液平均体积数；

V_2——滴定空白消化液用去的硫酸或盐酸溶液平均体积数；

W——样品质量(g)；

14——氮的摩尔质量($g \cdot mol^{-1}$)；

a——分取倍数(样品消化时定容体积/蒸馏时吸取消化液体积)。

若测定的样品含氮部分只是蛋白质，蛋白质中的氮含量一般为15.0 %~17.6 %，按蛋白质的含氮量为16.0 %计算，则

$$样品中蛋白质含量(\%) = 总氮量 \times 6.25 \qquad (2\text{-}2)$$

若样品中除有蛋白质外，尚有其他含氮物质，则需向样品中加入三氯乙酸，然后测定未加三氯乙酸的样品及加入三氯乙酸后样品上清液中的含氮量，得出总氮量及非蛋白氮含量，从而计算出蛋白氮含量，再进一步算出蛋白质含量。

$$蛋白氮 = 总氮 - 非蛋白氮 \qquad (2\text{-}3)$$

$$蛋白质含量(\%) = 蛋白氮 \times 6.25 \qquad (2\text{-}4)$$

另外，氮的测定也可用K9850全自动凯氏定氮仪，共原理及使用方法如下。

当被测样品完成消化过程后，利用 K9850 凯氏定氮仪可全自动完成蒸馏、滴定过程。测定前首先检查硼酸桶、碱液桶、蒸馏水桶中的溶液和滴定酸是否够用，用一个空白消煮管将凯氏定氮仪放碱 3 次，以防测定不准确。然后将消化后的样品放入定氮管，样品中硫酸铵与碱反应释放的氨气与水蒸气一起经过冷凝管冷凝后，被收集在加入硼酸吸收液(含混合指示剂)的接收瓶中。然后自动滴定器进行滴定，并记录标准酸滴定消耗量。依据标准酸滴定消耗量，计算系统按下列公式自动计算含氮量及粗蛋白含量。

全氮含量：　　$N(\%) = [C \times (V_1 - V_2) \times 1.401] / W$　　(2-5)

粗蛋白含量：　　$Pro(\%) = N(\%) \times$ 粗蛋白转换系数　　(2-6)

式中　各符号意义同式(2-1)；粗蛋白转换系数一般取 6.25。

K9850 全自动凯氏定氮仪使用安全，操作简单、省时(测定速度为每样品 4～8 min)，回收率高(100% ±1%)，测定准确(平均值相对误差 ±1%)，是目前测定全氮及粗蛋白含量的理想仪器。

详细说明请参阅 K9850 全自动凯氏定氮仪使用说明书(济南海能仪器有限公司)。

3. *磷的测定*

吸取消化后的待测液 20 mL，放入 50 mL 容量瓶中，加 2,4—二硝基酚指示剂 2 滴，用 $7\ mol \cdot L^{-1}$ NaOH 中和至初现淡黄色，凉后准确加入钒钼酸铵试剂 20 mL，再冷却后用水定容至 50 mL，摇匀。15 min 后测定 450 nm 波长处的吸光度值，测定前以空白液调零。

绘制标准曲线或求直线回归方程：取 6 只 50 mL 容量瓶，分别吸取 $50\ mg \cdot L^{-1}$ P 标准液 0、1.0 mL、2.5 mL、5.0 mL、7.5 mL、10.0 mL、15.0 mL，定容，按上述步骤显色，即得 0、$1.0\ mg \cdot L^{-1}$、$2.5\ mg \cdot L^{-1}$、$5.0\ mg \cdot L^{-1}$、$7.5\ mg \cdot L^{-1}$、$10.0\ mg \cdot L^{-1}$、$15.0\ mg \cdot L^{-1}$ P 的标准系列溶液，与待测溶液一起进行比色测定，读取吸光度值，然后绘制标准曲线或求直线回归方程。

全磷含量：　　$P(\%) = (C_P \times V \times a)/(W \times 10^6)$　　(2-7)

式中　C_P——从标准曲线或回归方程上查(求)得的磷浓度($mg \cdot L^{-1}$)；

V——显色液体积(mL)；

a——分取倍数(样品消化时定容体积 / 本测定吸取消化液体积)；

W——植株样品烘干重(g)。

4. *钾的测定*

(1)吸取消化后的待测液 10 mL，用蒸馏水定容至 50 mL 容量瓶，直接在火焰光度计上测定，读取检流计读数。若消煮液中含钾量低于标准曲线范围，则可直接用原液测定。

(2)绘制标准曲线或求直线回归方程：取 6 只 100 mL 容量瓶，分别加入 $100\ mg \cdot L^{-1}$ 的钾标准液 2 mL、5 mL、10 mL、20 mL、40 mL、60 mL，配制成钾浓度为 $2\ mg \cdot L^{-1}$、$5\ mg \cdot L^{-1}$、$10\ mg \cdot L^{-1}$、$20\ mg \cdot L^{-1}$、$40\ mg \cdot L^{-1}$、$60\ mg \cdot L^{-1}$ 的系列溶液。以蒸馏水调零，以浓度最高的标准溶液定火焰光度计检流计的满度，然后从稀到浓依次进行测定，记录检流计读数。以检流计读数为纵坐标，钾浓度为横坐标绘制标准曲线或求直线回归方程。

全钾含量：　　$K(\%) = (C_K \times V \times a)/(W \times 10^6)$　　(2-8)

式中　C_K——从标准曲线或回归方程上查(求)得待测液钾浓度($mg \cdot L^{-1}$)；

V——消煮液体积(mL)；

a——分取倍数(样品消化时定容体积 / 本测定吸取消化液体积)；

W——植株样品烘干重(g)。

410 Classic 型火焰光度计可测量样品中钠、钾、钙元素的含量，其操作步骤如下。

①打开空压机开关，打开燃气阀门。

②打开光度计电源开关，点火周期开始。

③选择滤光片的正确位置。

④把喷雾嘴的进样管放到装有 100 mL 蒸馏水的烧杯中，预热 30 min，以保证仪器的稳定。

⑤在预热时可以准备校正标样(要覆盖测量的范围)，要获得最大线性精度，建议使用的浓度不要超过 10 mL · L^{-1}(钠、钾)和 100 mL · L^{-1}(钙)。

⑥预热后，利用空白蒸馏水调节 BLANK，使显示为 000。

⑦把进样管从空白样品中取出，空置 10 s 后放进浓度最高的标准液中。大约等待 20 s 使读数稳定。调节粗调旋钮和细调旋钮，得到一个易于读取的数值。例如，10 mL · L^{-1}的标样可以调到 10.0。

⑧调节 FUEL 旋钮，得到一个最大值读数值。每调节一次等待几秒钟，以便读数稳定。

⑨把进样管取出，空置 10 s，再放入空白样品中吸 20 s，调节 BLANK 旋钮，保证读数是 0.0，然后把进样管取出。

⑩重复第 7 至 9 步，直到用空白样品读出 0.0(±0.2)，最高浓度的校正标准溶液的读数在 ±1% 范围内。

⑪在不改变粗调和细调旋钮位置的情况下，从低浓度开始依次测量其他样品。每个样品测量间隔 10 s，稳定时间约 20 s。建立样品浓度和对应读数的曲线。

详细说明请参阅 410 Classic 型火焰光度计操作手册(北京中科科尔仪器有限公司)。

【注意事项】

1. 样品放入消煮管时，不要黏附在管颈上。万一黏附可用少量水冲下，以免被检样消化不完全，导致测定结果偏低。

2. 消化时如不容易呈透明溶液，可将消煮管放冷后，慢慢加入 30% 过氧化氢(H_2O_2) 2~3 mL，促使氧化。

3. 消化过程中保持轻轻沸腾，使火力集中在消煮管底部，以免附在壁上的蛋白质在无硫酸存在的情况下不能彻底消化，使氮有所损失。

4. 消化时加入硫酸钾可提高硫酸的沸点，以加快消化速度。如硫酸缺少，过多的硫酸钾会引起氨的损失，这样会形成硫酸氢钾，而不与氨作用。因此，当硫酸过多的被消耗或样品中脂肪含量过高时，要增加硫酸用量。

5. 在蒸馏样品和空白对照之前，应先取 2 mL 标准硫酸铵溶液(氮 0.3 mg · mL^{-1})代替样品，作硫酸铵溶液中氨的回收率测定，以 2 mL 配置硫酸铵的蒸馏水为对照。回收率误差不得超过 98% ±2%。

6. 进行磷含量测定时，一般室温下温度对显色影响不大，但室温太低(如 <15 ℃)时，需将显色时间延长至 30 min。

7. 使用火焰光度计在点火之前，一定确认空压机已经打开，否则会导致燃气在光度计内过量积累，点火时火焰会冲出烟道。

【思考题】

1. 本实验中，氮、磷、钾含量测定的原理是什么？
2. 何谓消化？如何判断消化终点？
3. 本实验应如何避免误差？

（路文静）

实验二 植物根系活力的测定

【实验目的】

掌握测定植物根系活力的原理和方法。

2.1 α-萘胺法

【实验原理】

植物根系是活跃的吸收器官和合成器官，根的生长情况和代谢水平即根系活力直接影响植物地上部的生长和营养状况以及最终产量，是植物生长的重要生理指标之一。

植物根系能氧化α-萘胺，生成红色的α-羟基-1-萘胺，并沉淀于有氧化能力的根表面，使这部分根染成红色。根对α-萘胺的氧化能力与其呼吸强度有密切联系。日本人相见、松中等认为α-萘胺氧化的本质就是过氧化物酶的作用，该酶的活力越强，对α-萘胺的氧化力也越强，染色也越深。所以既可以根据根系表面着色深浅，定性观察并判断根系活力大小，也可通过测定溶液中未被氧化的α-萘胺的量，定量测定根系活力。

α-萘胺在酸性环境中可与对氨基苯磺酸(sulfanil-amide)和亚硝酸盐作用生成稳定的红色偶氮染料，其反应式如下：

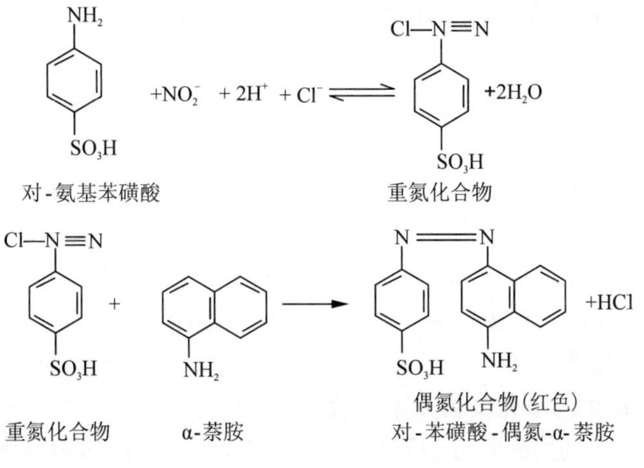

NH_2 、SO_3H（对-氨基苯磺酸） $+NO_2^- + 2H^+ + Cl^- \rightleftharpoons$ $Cl—N\equiv N$ 、SO_3H（重氮化合物） $+2H_2O$

$Cl—N\equiv N$ 、SO_3H（重氮化合物） + NH_2（α-萘胺） $\longrightarrow$ $N=N$ 、SO_3H 、NH_2 $+HCl$

偶氮化合物(红色)

对-苯磺酸-偶氮-α-萘胺

生成的红色偶氮化合物在 pH 7.0 时在 540 nm 处有最大吸收峰，可用分光光度法测定吸光度值，从而利用此反应来间接测定溶液中 α-萘胺的量。

【实验条件】

1. 材料

水稻(*Oryza sativa* L.)等水生植物的须根系。

2. 试剂

(1)α-萘胺溶液：称取 10 mg α-萘胺放在烧杯中，先用 2 mL 左右的 95% 酒精溶解，然后加水，定容到 200 mL，成 50 μg · mL^{-1} 的溶液。另取 150 mL 50 μg · mL^{-1} 溶液加水定容至 300 mL 成 25 μg · mL^{-1} 的 α-萘胺溶液。

(2)0. 1 mol · L^{-1} 磷酸缓冲液(pH 7. 0)配制方法参见附录 4. 8。

(3)1% 对-氨基苯磺酸溶液：称取 1. 0 g 对-氨基苯磺酸溶解于 100 mL 30% 的醋酸溶液中。

(4)0. 01% 亚硝酸钠溶液：称取 10 mg 亚硝酸钠溶解于 100 mL 水中。

3. 仪器用具

分光光度计，天平，恒温培养箱，三角烧瓶，量筒，移液管，剪刀，玻棒。

【方法步骤】

1. 定性观察

挖取处于不同生长状态的水生须根系植株(如水稻等)数株，洗净根部后再用滤纸吸去根上附着的水分。将植株根系浸入盛有 25 μg · mL^{-1} α-萘胺溶液并用黑纸包裹的容器中，静置 24 ~ 36 h 后观察根系着色情况。比较不同植株根系活力大小，并与植物生长势比较，分析植物生长势与根系活力之间的关系。

2. 定量观察

(1)取 50 μg · mL^{-1} 的 α-萘胺溶液和 0. 1 mol · L^{-1} pH 7. 0 的磷酸缓冲液各 25 mL，置于三角瓶中，混匀。取植株的须根系，洗净后再用滤纸吸干。称取根系 1 ~ 2 g 浸没于三角瓶的溶液中。再取 50 μg · mL^{-1} 的 α-萘胺溶液和 0. 1 mol · L^{-1} pH 7. 0 的磷酸缓冲液各 25 mL，置于另一三角瓶中，混匀，不放根系作为对照。5 min 后，分别从两瓶中各取 2 mL 溶液，按照步骤(3)做第一次测定。

(2)将两三角瓶置于 25 ℃ 恒温箱中避光保温 60 min 后，各取 2 mL 溶液，按照步骤(3)做第二次测定。

(3)α-萘胺含量测定：取 2 mL 培养液加 10 mL 水混匀，再依次加入 1 mL 对氨基苯磺酸溶液与 1 mL 亚硝酸钠溶液，混匀，观察溶液颜色变化，然后定容至 25 mL。室温放置 25 min 后，于波长 540 nm 处测定吸光度值。

【结果与分析】

(1)标准曲线制作：以 50 μg · mL^{-1} 的 α-萘胺溶液为母液，配置 40 μg · mL^{-1}、30 μg · mL^{-1}、20 μg · mL^{-1}、10 μg · mL^{-1}、5 μg · mL^{-1}、0 μg · mL^{-1} 的溶液各 10 mL。各取 2 mL，按照步骤(3)分别反应，并测定吸光度值。以吸光度值为纵坐标，浓度为横坐标，绘制 α-萘胺溶液的标准曲线。或者根据浓度与吸光度值关系直接计算回归方程。

(2)查标准曲线，或利用回归方程直接计算出实验组与对照组溶液实验前后对应的 α-萘胺浓度。

(3)根据实验结果计算不同植株根系对 α-萘胺的生物氧化强度(mg α-萘胺 · g^{-1} FW · h^{-1})，

并与植物生长势比较，分析它们之间的关系。

【注意事项】

反应液的酸度大则增加重氮化作用的速度，但降低偶联作用的速度，颜色比较稳定。提高温度可以增加反应速度，但降低重氮盐的稳定度，所以反应需要在相同条件下进行。

2.2　氯化三苯基四氮唑(TTC)法

【实验原理】

氯化三苯基四氮唑(TTC)是标准氧化还原电位为 80 mV 的氧化还原物质，溶于水中成为无色溶液，但还原后即生成红色而不溶于水的三苯基甲腙(TTF)，反应式如下：

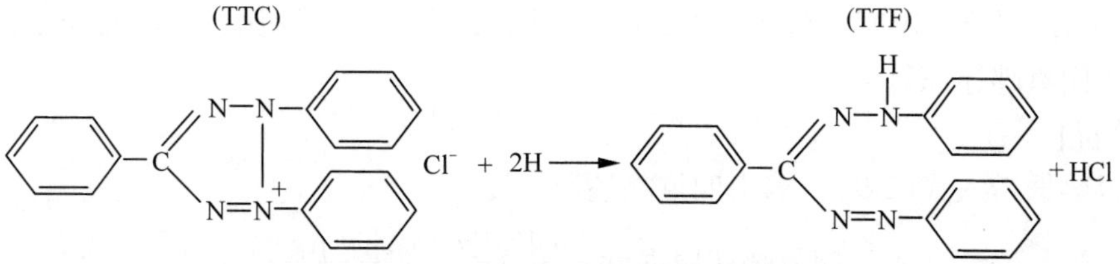

(TTC)　　(TTF)

Cl^{-} + 2H ⟶ + HCl

生成的 TTF 比较稳定，不会被空气中的氧自动氧化，所以 TTC 被广泛地用作酶试验的氢受体，植物根所引起的 TTC 还原，可因加入琥珀酸、延胡索酸、苹果酸得到增强，而被丙二酸、碘乙酸所抑制。所以 TTC 的还原量能表示脱氢酶活性，并作为根系活力的指标。

【实验条件】

1. 材料

水培或沙培水稻、小麦等植物根系。

2. 试剂

乙酸乙酯；次硫酸钠($Na_2S_2O_4$)；1% TTC 溶液：准确称取 TTC 1.0g，溶于少量蒸馏水中，定容至 100 mL；0.4% TTC 溶液：准确称取 TTC 0.4g，溶于少量蒸馏水中，定容至 100 mL；磷酸缓冲液(1/15 mol · L^{-1}，pH7.0)；1 mol · L^{-1}硫酸：用量筒量取比重 1.84 的浓硫酸 55 mL，边搅拌边加入盛有 500 mL 蒸馏水的烧杯中，冷却后稀释至1 000 mL；0.4 mol · L^{-1}琥珀酸钠：称取琥珀酸钠(含 6 个结晶水)10.81 g，溶于蒸馏水中，定容至 100 mL。

3. 仪器用具

分光光度计，分析天平(感量 0.1mg)，恒温箱，研钵，三角瓶(100 mL)，漏斗，移液管(10 mL、2 mL、0.5 mL)，试管(20 mL)，容量瓶(10 mL)，小培养皿，试管架，药匙，石英砂。

【方法步骤】

1. 定性测定

(1)配置反应液：把 1% TTC 溶液，0.4 mol · L^{-1} 琥珀酸钠和磷酸缓冲液按 1:5:4 比例混合。

(2)把地上部分从茎基切除，将根部洗净放入三角瓶中，倒入反应液，以浸没根为度，置于 37 ℃左右暗处 1 h，以观察着色情况，新根尖端几毫米以及细侧根都明显地变成红色，表明该处有脱氢酶存在。

2. 定量测定

(1)TTC 标准曲线的制作：吸取 0.25 mL 0.4% TTC 溶液放入 10 mL 容量瓶，加少许

$Na_2S_2O_4$粉末，摇匀后立即产生红色的 TTF。再用乙酸乙酯定容至刻度，摇匀。然后分别取此液 0.25 mL、0.5 mL、1.00 mL、1.50 mL、2.00 mL 置 10 mL 容量瓶中，用乙酸乙酯定容至刻度，即得到含 TTF 25 μg、50 μg、100 μg、150 μg、200 μg 的标准比色系列，以空白作参比，在波长 485 nm 处测定吸光度值，绘制标准曲线。

(2)称取根样品 0.5 g，放入小培养皿(空白试验先加硫酸再加入根样品，其他操作相同)，加入 0.4% TTC 溶液和磷酸缓冲液的等量混合液 10 mL，把根充分浸没在溶液内，在 37 ℃下暗处保温 1 h，此后加入 1 mol · L^{-1}硫酸 2 mL，以终止反应。

(3)将根取出，吸干水分后与乙酸乙酯 3 ~ 4 mL 和少量石英砂一起磨碎，以提出 TTF。把红色提出液移入试管，用少量乙酸乙酯把残渣洗涤 2 ~ 3 次，皆移入试管，最后加乙酸乙酯使总量为 10 mL，用分光光度计在波长 485 nm 处比色，以空白作参比，读出吸光度值，查标准曲线，求出四氮唑还原量。

【结果与分析】

将所得数据带入式(2-9)，求出四氮唑还原强度。

$$\text{四氮唑还原强度} = \frac{\text{四氮唑还原量}(\mu g)}{\text{根重}(g) \times \text{时间}(h)} \tag{2-9}$$

【注意事项】

TTC 溶液贮于棕色瓶中，避光并放入冰箱中贮存，最好现配现用。

2.3　甲烯蓝法

【实验原理】

根据沙比宁等的理论，植物对溶质的吸收具有表面吸附的特性，并假定被吸附物质在根系表面形成一层均匀的单分子层；当根系对溶质的吸附达到饱和后，根系的活跃部分能将吸附着的物质进一步转移到细胞中去，并继续产生吸附作用。在测定根系活力时常用甲烯蓝作为吸附物质，其被吸附量可以根据吸附前后甲烯蓝浓度的改变算出，甲烯蓝浓度可用比色法测定。已知 1 mg 甲烯蓝形成单分子层时覆盖的面积为 1.1 m^2，据此可算出根系的总吸收面积。从吸附饱和后再吸附的甲烯蓝的量，可算出根系的活跃吸收表面积，作为根系吸收活力的指标。

【实验条件】

1. 材料

水培或沙培水稻、小麦等植物根系。

2. 试剂

0.01 mg · mL^{-1}甲烯蓝溶液，0.000 2 mol · L^{-1}(0.064 mg · mL^{-1})甲烯蓝溶液。

3. 仪器用具

分光光度计，移液管，烧杯，比色管。

【方法步骤】

(1)甲烯蓝标准曲线的制作：按表 2-1 用 0.01 mg · mL^{-1}甲烯蓝溶液配制系列标准溶液，于波长 660 nm 处测定吸光度值，以甲烯蓝浓度为横坐标，吸光度值为纵坐标，绘制标准曲线。

表 2-1　甲烯蓝系列标准溶液的配制

试　剂	试管号						
	0	1	2	3	4	5	6
0.01 $mg \cdot mL^{-1}$甲烯蓝(mL)	0	1	2	3	4	5	6
蒸馏水(mL)	10	9	8	7	6	5	4
甲烯蓝浓度($\mu g \cdot mL^{-1}$)	0	1	2	3	4	5	6

(2)将待测的植物根系洗净沥干，浸在装有一定量水的量筒中，用排水法测定根系的体积(或用体积计测定)。

(3)将0.000 2 $mol \cdot L^{-1}$的甲烯蓝溶液(每毫升溶液中应含0.064 mg甲烯蓝)分别倒入3个小烧杯中，编号，每个烧杯中溶液体积约10倍于根系的体积。准确记下每个烧杯中的溶液量。

(4)将洗净的待测根系，先用吸水纸小心吸干，然后依次浸入盛有甲烯蓝溶液的烧杯中，每杯中浸1.5 min，注意每次取出时，都要使根上的甲烯蓝溶液流回到原烧杯中。

(5)从3个小烧杯中各吸取甲烯蓝溶液1 mL，用去离子水稀释10倍后，于波长660 nm处测定吸光度值，根据标准曲线，查得各杯浸根后甲烯蓝的浓度。

【结果与分析】

(1)总吸收面积(m^2) = $[(c_1 - c'_1) \times v_1 + (c_2 - c'_2) \times v_2] \times 1.1$　(2-10)

(2)活跃吸收面积(m^2) = $[(c_3 - c'_3) \times v_3] \times 1.1$　(2-11)

(3)活跃吸收面积% = 根系活跃吸收面积(m^2)/根系总吸收面积(m^2) ×100%　(2-12)

(4)比表面积($cm^2 \cdot cm^{-3}$) = 根系总吸收面积(cm^2)/根体积(cm^3)　(2-13)

式中　c——各杯未浸泡根系前的甲烯蓝浓度($mg \cdot mL^{-1}$)；

c'——各杯浸泡根系后的甲烯蓝浓度($mg \cdot mL^{-1}$)；

v——各杯中的溶液量(mL)。

【注意事项】

为消除溶液配制和比色误差，甲烯蓝溶液配制后其含量需要重新进行比色，查标准曲线确定。

【思考题】

1. 为什么要测定根系活力？植物的根与地上部分有何关系？
2. 为什么利用α-萘胺氧化法测定植物的根系活力时需要在5 min后作第一次测定？
3. 分析不同生长阶段与不同生境下的同种植株，其根系活力与生长势的关系。
4. 不同类型(如草本和木本)植物中，根的表面积和地上部表面积的比例有何不同？
5. 植物的根系活力与植物的呼吸作用有何关系？
6. 在TTC法和甲烯蓝法测定根系活力的过程中哪些环节容易产生误差？如何减少这些误差？

(谷守芹)

实验三　硝酸还原酶活性的测定

【实验目的】

硝酸还原酶(nitrate reductase, NR)是硝酸盐同化过程中的关键酶，在植物生长发育中具有重要作用，测定硝酸还原酶活力，可作为作物育种和营养诊断的生理生化指标。通过本实验，要求掌握植物体内硝酸还原酶活性测定的原理和方法。

【实验原理】

硝酸还原酶活性测定分为活体法和离体法。活体法步骤简单，适合快速、多组测定。离体法比较复杂，但重复性较好。本实验介绍活体法。

硝酸还原酶催化植物体内的硝酸盐还原为亚硝酸盐，产生的亚硝酸盐与对-氨基苯磺酸及α-萘胺在酸性条件下定量生成红色偶氮化合物。其反应如下：

$$NO_3^- + NADH + H^+ \xrightarrow{NR} NO_2^- + NAD^+ + H_2O$$

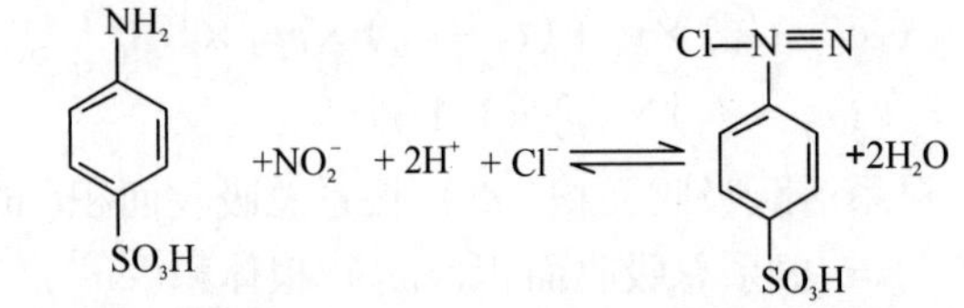

$$H_2N\text{-}C_6H_4\text{-}SO_3H + NO_2^- + 2H^+ + Cl^- \rightleftharpoons Cl\text{-}N{\equiv}N\text{-}C_6H_4\text{-}SO_3H + 2H_2O$$

对-氨基苯磺酸　　　　重氮化合物

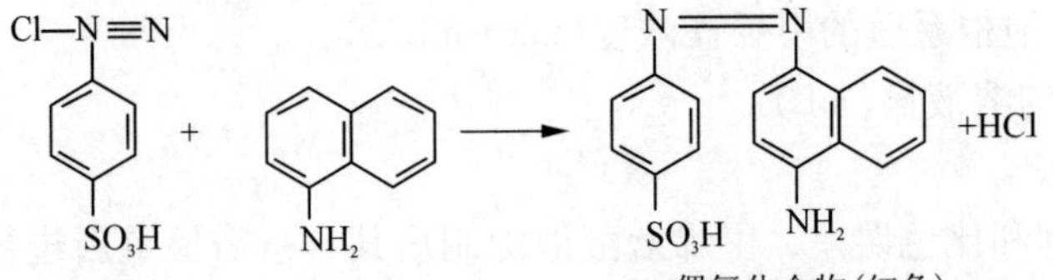

$$Cl\text{-}N{\equiv}N\text{-}C_6H_4\text{-}SO_3H + C_{10}H_7NH_2 \longrightarrow HO_3S\text{-}C_6H_4\text{-}N{=}N\text{-}C_{10}H_6\text{-}NH_2 + HCl$$

重氮化合物　　α-萘胺　　偶氮化合物(红色)
对-苯磺酸-偶氮-α-萘胺

生成的红色偶氮化合物在波长 520 nm 有最大吸收峰，可用分光光度法测定。硝酸还原酶活性可由产生的亚硝态氮的量表示，一般以 $\mu g\ N \cdot g^{-1} FW \cdot h^{-1}$ 为单位。

【实验条件】

1. 材料

水稻或小麦叶片、幼穗等。

2. 试剂

(1)1 $\mu g \cdot mL^{-1}$ 亚硝态氮标准母液配制：准确称取分析纯 $NaNO_2$ 0.985 7 g，溶于蒸馏水后定容至 1 000 mL，然后再吸取 1 mL 定容至 1 000 mL，即为含亚硝态氮 1 $\mu g \cdot mL^{-1}$ 的标准液。

(2)0.1 $mol \cdot L^{-1}$ pH7.5 的磷酸缓冲液配制：

A 液：0.2 mol · L^{-1}磷酸二氢钠溶液，称取 3.120 2 g $NaH_2PO_4 \cdot 2H_2O$ 溶于蒸馏水中，定容至 100 mL；

B 液：0.2 mol · L^{-1}磷酸氢二钠溶液，称取 35.814 0 g $Na_2HPO_4 \cdot 12H_2O$ 溶于蒸馏水中，定容至 500 mL；

取 A 液 80 mL + B 液 420 mL，混匀，用蒸馏水稀释至 1 000 mL。

(3)1% 对氨基苯磺酸(w/v)溶液配制：称取 2.000 0 g 对氨基苯硝酸加 5 mL 浓 HCl 溶解，用蒸馏水定容至 200 mL。

(4) 0.02% α-萘胺(w/v)溶液配制：称取 1.000 0 g α-萘胺，加 125 mL 冰醋酸溶解，用蒸馏定容至 500 mL，贮存于棕色瓶中。

(5)0.2 mol · L^{-1} KNO_3溶液配制：称取 10.120 0 g KNO_3溶于 500 mL 0.1 mol · L^{-1}pH 7.5 的磷酸缓冲液。

3. 仪器用具

冷冻离心机，分光光度计，电子分析天平，冰箱，恒温水浴，研钵，剪刀，离心管，具塞试管，移液管，洗耳球等。

【方法步骤】

1. 亚硝态氮标准曲线制作

(1)配制标准液：取 7 支 15 mL 刻度试管，编号，按表 2-5 配制含量为 0 ~ 2.0 μg 的亚硝态氮标准液。依次加入表中试剂后，摇匀，在 25 ℃下保温 30 min，然后以 0 号管为空白对照，在 520 nm 波长处测定吸光度(A)值。

表 2-2　亚硝态氮系列标准液的配制

试　剂	试管号						
	0	1	2	3	4	5	6
1μg · mL^{-1}亚硝态氮母液(mL)	0	0.2	0.4	0.8	1.2	1.6	2.0
蒸馏水(mL)	2.0	1.8	1.6	1.2	0.8	0.4	0.0
1% 磺胺(mL)	1	1	1	1	1	1	1
0.02% 萘基乙烯胺(mL)	1	1	1	1	1	1	1
每管亚硝态氮含量(μg)	0	0.2	0.4	0.8	1.2	1.6	2.0

(2)绘制标准曲线：以 1 ~ 6 号管亚硝态氮含量(μg)为横坐标，吸光度值为纵坐标绘制标准曲线。

2. 样品中硝酸还原酶活力测定

(1)酶的提取：称取 0.5 g 鲜样 2 份，剪成 0.3 ~ 0.5 cm 的切段，分别置于含有下列溶液的 50 ml 三角烧瓶中：

① 0.1 mol · L^{-1} pH 7.5 磷酸缓冲溶液 5mL，蒸馏水 5 mL；

② 0.1 mol · L^{-1} pH 7.5 磷酸缓冲溶液 5mL，0.2 mol · L^{-1} $KNO_3$5 mL。

然后将三角瓶置于真空干燥器中，接上真空泵抽气 10 min，放气后，再抽气 10 min，放气，使叶片沉于底部，取出三角瓶，置于 30 ℃温箱中暗作用 30 min。

(2)酶活性测定：保温 30 min 后，分别吸取各瓶反应液 2 mL 于试管中，加入对-氨基苯磺酸 4 mL 及 α-萘胺 4 mL 混合摇匀，30 ℃水浴中保温 20 min，取出静置 10 min，生成红色产物。以空白管为对照，取上清液在 520 nm 波长处测定吸光度(A)值。

【结果与分析】

根据样品所测得的吸光度(A)值，从标准曲线查出反应液中亚硝态氮含量，按式(2-14)计算样品中酶活性：

$$样品中酶活性(\mu gN \cdot g^{-1}FW \cdot h^{-1}) = \frac{(X/V_2) \times V_1}{样品鲜重(g) \times 酶反应时间(h)} \quad (2\text{-}14)$$

式中　X——从标准曲线查出反应液中亚硝态氮总量(μg)；

V_1——提取酶时加入的缓冲液体积(mL)；

V_2——酶反应时加入的酶液体积(mL)。

【注意事项】

1. 取样宜在晴天进行，最好提前一天施用一定量的硝态氮肥，取样部位应一致。

2. 硝酸盐还原过程应在黑暗中进行，以防亚硝酸盐进一步还原为氨。

3. 从显色到比色时间要一致，显色时间过长或过短对产物量都有影响。

【思考题】

测定硝酸还原酶的材料为什么要提前一天施用一定量的硝态氮肥，并且取样应在晴天进行?

（路文静　谷守芹）

实验四　谷氨酰胺合成酶活力的测定

【实验目的】

掌握谷氨酰胺合成酶活力测定的原理和方法。

【实验原理】

谷氨酰胺合成酶(glutamine synthetase，GS)是植物体内氨同化的关键酶之一，在 ATP 和 Mg^{2+} 存在下，GS 催化植物体内谷氨酸形成谷氨酰胺。在反应体系中，谷氨酰胺转化为 γ-谷氨酰基异羟肟酸，进而在酸性条件下与铁形成红色的络合物，该络合物在 540 nm 处有最大吸收峰，可用分光光度计测定。谷氨酰胺合成酶活性可用产生的 γ-谷氨酰基异羟肟酸与铁络合物的生成量来表示，单位 $\mu mol \cdot mg^{-1} protein \cdot h^{-1}$。也可间接用 540 nm 处吸光度值的大小来表示，单位 $A \cdot mg^{-1} protein \cdot h^{-1}$。

【实验条件】

1. 材料

小麦叶片或其他植物材料。

2. 试剂及配制

(1)提取缓冲液：pH 8.0 0.05 $mol \cdot L^{-1}$ Tris-HCl(内含 2 $mmol \cdot L^{-1}$ Mg^{2+}，2 $mmol \cdot L^{-1}$ DTT，0.4$mol \cdot L^{-1}$蔗糖)。称取 1.529 5 g Tris(三羟甲基氨基甲烷)，0.124 5 g $MgSO_4$ ·

7 H_2O，0. 154 3 g DTT(二硫苏糖醇)和34. 250 0g 蔗糖，去离子水溶解后，用0. 05 mol · L^{-1} HCl 调至 pH 8. 0，最后定容至250 ml。

(2)反应混合液 A：pH 7. 4 0. 1 mol · L^{-1} Tris-HCl 缓冲液(内含 80 mmol · L^{-1} Mg^{2+}，20 mmol · L^{-1}谷氨酸钠盐，20 mmol · L^{-1}半胱氨酸和2 mmol · L^{-1} EGTA)。称取 3. 059 0 g Tris，4. 979 5g $MgSO_4$ · $7H_2O$，0. 862 8 g 谷氨酸钠盐，0. 605 7 g 半胱氨酸，0. 192 0 g EGTA，去离子水溶解后，用0. 1 mol · L^{-1}HCl 调至 pH 7. 4，定容至250 mL。

(3)反应混合液 B：pH7. 4 0. 1 mol · L^{-1}Tris-HCl 缓冲液(含盐酸羟胺)。反应混合液 A 加80 mmol · L^{-1}盐酸羟胺。称取 3. 059 0 g Tris，4. 979 5 g $MgSO_4$ · $7H_2O$，0. 862 8 g 谷氨酸钠盐，0. 605 7 g 半胱氨酸，0. 192 0 g EGTA，1. 390 0 g 盐酸羟胺，去离子水溶解后，用0. 1 mol · L^{-1}HCl 调至 pH7. 4，定容至250 mL。

(4)显色剂：0. 2mol · L^{-1}TCA(三氯乙酸)，0. 37mol · L^{-1} $FeCl_3$和 0. 6mol · L^{-1}HCl 混合液。称取3. 317 6 g TCA，10. 102 1g $FeCl_3$ · $6H_2O$，去离子水溶解后，加5 mL 浓盐酸，定容至100 mL。

(5)20 mmol · L^{-1}ATP 溶液：0. 605 0 g ATP 溶于50 mL 去离子水中。

3. 仪器用具

冷冻离心机，分光光度计，电子天平(0. 000 1)，研钵，恒温水浴，剪刀，移液管(2 mL、1 mL)。

【实验步骤】

1. 粗酶液提取

称取植物材料1 g 于研钵中，加3 mL 提取缓冲液，置冰浴上研磨匀浆，转移于离心管中，并用1 mL 提取缓冲液冲洗研钵，转入离心管。4 ℃下15 000 g 离心20 min，上清液即为粗酶液。

2. 酶促反应

不同离心管中分别加入1. 6 mL 反应混合液 A 和反应混合液 B，再依次在各管中加入0. 5 mL粗酶液，0. 2 mL 提取液，0. 7 mLATP 溶液，混匀，于37 ℃下保温30 min，加入显色剂1 mL，摇匀并放置片刻后，于5 000 g 下离心10 min，取上清液测定540 nm 处的吸光度值(A)，以加入1. 6 mL 反应混合液 A 的为对照。

3. 粗酶液中可溶性蛋白质测定

取粗酶液0. 5 mL，用蒸馏水定容成100 mL，取2 mL，用考马斯亮蓝 G-250 测定可溶性蛋白质含量(见第3 篇12. 1)。

【结果与分析】

$$\text{GS 活力}(\text{A} \cdot \text{mg}^{-1}\ \text{protein} \cdot \text{h}^{-1}) = \frac{A}{P \times V \times t} \tag{2-15}$$

式中 A——540 nm 处的吸光度值；

P——粗酶液中可溶性蛋白含量(mg · mL^{-1})；

V——反应体系中加入的粗酶液体积(mL)；

t——反应时间(h)。

【注意事项】

1. ATP 溶液现用现配。
2. 研磨植物材料后要用提取缓冲液冲洗研钵，以免造成酶液损失。

【思考题】

谷氨酰胺合成酶活力大小可反映哪些问题?

（寇凤仙）

实验五　植物对离子的选择吸收

【实验目的】

通过本实验可以加深细胞对离子吸收方式的理解，同时还可以了解溶液培养的一般过程与注意事项。

【实验原理】

植物根系对离子的吸收具有选择性，即使对环境中相同浓度的离子，吸收速率也不相同。如 $(NH_4^+)_2SO_4$溶液，根对 NH_4^+ 的吸收比对 SO_4^{2-} 的吸收快，但对于 $NaNO_3$溶液，根系对 NO_3^- 的吸收快于对 Na^+ 的吸收。将阳离子吸收较多、阴离子吸收较少导致介质环境 pH 降低的盐，称为生理酸性盐；将阴离子吸收较多，阳离子吸收较少导致介质环境 pH 升高的盐，称为生理碱性盐。植物对离子吸收的选择性与运输蛋白质在质膜上的含量与类型有关。选择吸收导致的 pH 变化与吸收条件与吸收方式相关。本实验通过测定培养液 pH 的变化，来说明植物根系对离子的吸收具有选择性。

【实验条件】

1. 材料

发芽 3 天的玉米苗。

2. 试剂

培养液母液：5 g KH_2PO_4、5 g $MgSO_4 \cdot 7H_2O$、0.97 g $CaCl_2 \cdot 6H_2O$，溶于 1000 mL 蒸馏水中；2% HCl 溶液；2% NaOH 溶液；1.6% $(NH_4)_2SO_4$溶液；1.0% $NaNO_3$溶液；0.2% EDTA 溶液。

3. 仪器用具

精密 pH 试纸，量筒，罐头瓶(200 mL)，黑色塑料膜，玻璃棒，橡皮筋，记号笔。

【实验步骤】

1. 培养液的配制

(1)生理酸性盐溶液：取 5 mL 母液加入罐头瓶中，再加入 190 mL 蒸馏水、5 mL 1.6% $(NH_4)_2SO_4$溶液和一滴 0.2% 的 EDTA 溶液，混匀后将溶液的 pH 调到 5.8，用记号笔标记液面高度。

(2)生理碱性盐溶液：取 5 mL 母液加入罐头瓶中，再加入 190 mL 蒸馏水、5 mL 1.0% $NaNO_3$溶液和一滴 0.2% 的 EDTA 溶液，混匀。溶液的 pH 调到 5.8 后，用记号笔标记液面高度。

(3)对照液：取 5 mL 母液加入罐头瓶中，再加入 195 mL 蒸馏水和一滴 0.2% 的 EDTA 溶液，混匀。溶液的 pH 调到 5.8 后，用记号笔标记液面高度。

2. 植物材料的处理

挑选大小一致、健壮的玉米苗 9 株，用刀片去掉胚乳后作为实验材料。

(1)以黑色塑料薄膜蒙住罐头瓶口，用橡皮筋扎紧，在薄膜上用镊子钻多个小孔，将玉米苗的根从小孔伸入溶液中，常温培养。

(2)3 天后取出玉米苗，用蒸馏水将溶液补足到标记高度后混匀并测定其 pH 值。各处理 3 次重复。

【结果与分析】

将测定与计算的实验结果记录于表 2-3 中。

表 2-3　玉米吸收离子后溶液 pH 值的变化

氮源	编号	实验前 pH	实验后 pH	平均 ΔpH	处理平均 ΔpH ± 对照平均 ΔpH
$(NH_4)_2SO_4$	1				
	2				
	3				
$NaNO_3$	1				
	2				
	3				
对照	1				
	2				
	3				

通过处理平均 ΔpH ± 对照平均 ΔpH 的计算，可以分析得出玉米对溶液中阴离子与阳离子吸收的多少。

【注意事项】

1. 准确调节与测定溶液 pH 值。
2. 选取的玉米苗生长状况要一致。
3. 玉米苗种植时不能伤及根系。

【思考题】

1. 植物是如何吸收离子的?
2. 为什么离子吸收会引起溶液 pH 变化?
3. 供试材料生长状况不一致对结果有什么影响?

（胡小龙）

实验六 单盐毒害及离子颉颃现象

【实验目的】

掌握单盐毒害及离子颉颃现象产生的原理和实验方法。

【实验原理】

植物培养在只含有一种阳离子的溶液中，会由于大量吸收单一阳离子而产生毒害作用，这种现象叫单盐毒害。在发生单盐毒害的溶液中加入少量其他阳离子，毒害即会减弱或消除，离子间的这种相互作用称为离子颉颃作用。通过实验可以得出，将植物培养在单盐溶液中，植物对阳离子吸收的越少，对植物伤害越小；吸收越多，伤害越大。在含有多种阳离子的溶液中伤害作用消除。单盐毒害与离子颉颃现象的本质非常复杂，目前尚未能圆满解释。单盐毒害可能与植物培养在单一金属离子溶液中导致阴离子吸收不足有关，最终导致代谢紊乱与膜的解体。离子颉颃作用可能与加入其他阳离子后促进了阴离子的吸收有关。这也反映了不同离子对原生质体亲水胶体的稳定度、原生质膜的透性，以及对各类酶活性调节等方面的相互制约作用。

【实验条件】

1. 材料

发芽 1 天的小麦。

2. 试剂

0.12 $mol \cdot L^{-1}$ KCl，0.06 $mol \cdot L^{-1}$ $CaCl_2$，0.12 $mol \cdot L^{-1}$ NaCl（试剂均使用分析纯），石蜡，琼脂。

3. 仪器用具

小烧杯(100 mL)，玻棒，记号笔。

【实验步骤】

(1)取样：选取发芽 1 天的小麦种子 40 粒作为实验材料。

(2)溶液配制：取 4 个小烧杯，在小烧杯中加入 0.25 g 琼脂后分别加入下列盐溶液，并用记号笔标记液面高度。

a. 0.12 $mol \cdot L^{-1}$ KCl 溶液 50 mL;

b. 0.06 $mol \cdot L^{-1}$ $CaCl_2$溶液 50 mL;

c. 0.12 $mol \cdot L^{-1}$ NaCl 溶液 50 mL;

d. 0.12 $mol \cdot L^{-1}$ KCl 2.2 mL + 0.06 $mol \cdot L^{-1}$ $CaCl_2$ 1 mL + 0.12 $mol \cdot L^{-1}$ NaCl 100 mL。

(3)将上述溶液在电炉上加热至琼脂完全溶解后，补足蒸发的水分，自来水中冷却。

(4)样品苗培养：选取发芽程度一致的小麦种子 40 粒，每只烧杯的琼脂胶体上放置 10 粒发芽种子。常温培养 1 周后，测定麦苗的平均根长、平均根数和平均苗高。

【结果与分析】

(1)测定各烧杯中苗的平均根长、平均根数和苗高。

(2)分析不同溶液对根长、根数和苗高的影响。

【注意事项】

1. 溶液不能污染。
2. 选样尽量一致，实验材料种植时不必埋入胶体中，只需放在琼脂胶体表面。
3. 统计根数时，根长小于 1 cm 的不必计数。

【思考题】

为什么会产生单盐毒害现象?

（胡小龙）

第 3 篇

植物的光合作用与呼吸作用

实验一　叶绿体的分离及其完整度的测定

【实验目的】

叶绿体是光合作用的细胞器，在光合作用研究中，常需用提取的叶绿体开展研究工作。通过本实验要求掌握叶绿体提取分离及完整度的测定方法。

1.1　叶绿体的分离

【实验原理】

梯度离心法是根据被分离样品的密度差异，在一定密度梯度介质中加以离心力场，使得不同密度的颗粒悬浮停留在相应的介质区。

植物细胞被细胞壁所包围，因此实验中必须破碎细胞壁，但同时需保持叶绿体的完整。从破碎细胞中释放出来的叶绿体等质体可经适当的梯度离心，将完整的叶绿体和破碎的叶绿体分开。植物细胞的质体中储存的淀粉致密颗粒可能在离心过程中造成质体破裂，因此可在较低温度下预处理植物1~2 d，以消除淀粉的积累作用。叶绿体得率可通过检测叶绿素含量来确定。

【实验条件】

1. 材料

新鲜的绿色叶片。

2. 试剂及配制

(1)分离介质：含0.33 mol · L^{-1}山梨醇，50 mmol · L^{-1} Tris-HCl(或Tricine)，pH 7.6，5 mmol · L^{-1} $MgCl_2$，10 mmol · L^{-1} NaCl，2 mmol · L^{-1} EDTA，2 mmol · L^{-1}异抗坏血酸钠。

配法：称60 g山梨醇、6.06 g Tris、1g $MgCl_2 \cdot 6H_2O$、0.6 g NaCl、0.77g EDTA-Na_2、0.4 g异抗坏血酸钠，溶解后用1 mol · L^{-1} HCl调pH至7.6，定容至1000 mL。

(2)悬浮和测定介质Ⅰ：0.66 mol · L^{-1}山梨醇，2 mmol · L^{-1} $MgCl_2$，2 mmol · L^{-1} $MnCl_2$，4 mmol · L^{-1} EDTA，10 mmol · L^{-1}焦磷酸钠，100 mmol · L^{-1} Tris-HCl，pH7.6。

配法：称60 g山梨醇、0.2 g $MgCl_2 \cdot 6H_2O$、0.2 g $MnCl_2 \cdot 4H_2O$、0.75 g EDTA-Na_2、2.23 g $Na_4P_2O_7 \cdot 10H_2O$、6.06 g Tris，溶解后用1 mol · L^{-1} HCl调pH至7.6，定容至500 mL。

(3)悬浮和测定介质Ⅱ：测定介质Ⅰ稀释1倍。

3. 仪器用具

冰箱，离心机，扭力天平，显微镜，pH计，研钵，量筒，移液管，离心管，脱脂纱布等。分离器皿都需在0 ℃下预冷。

【方法步骤】

(1)选择生长健壮，最好是连续几个晴天下生长的菠菜叶片，洗净后去除中脉，放入0~

4 ℃冰箱中预冷。

(2)分离介质30～50 mL，置于研钵中，并在冰箱中预冷至现薄冰。

(3)取冷却的菠菜叶片10～20 g，剪碎后放入研钵，手工快速研磨0.5～1 min，注意不要用力过猛，也不必研磨过细，以叶片磨成小块时即可，研磨后将匀浆用两层新纱布过滤。

(4)将滤液装入预冷过的2个离心管，经天平平衡后，用离心机以1 000 rpm离心2 min。

(5)倾去上层液，沉淀即为叶绿体。随后每管加2 mL悬浮和测定介质Ⅰ，并用吸管冲散沉淀。叶绿体悬浮液合并后放冰箱中备用。

(6)用滴管吸取少量叶绿体，加少量悬浮和测定介质Ⅱ稀释，置显微镜(400～600倍)下，观察叶绿体的形态。

1.2　叶绿体被膜完整度的测定

【实验原理】

由于铁氰化钾不能透过被膜，故完整叶绿体在等渗介质中不能进行铁氰化钾光还原的希尔反应。而失去完整被膜的叶绿体，铁氰化钾可以进入类囊体进行希尔反应。根据这一原理，比较胀破与未胀破的叶绿体希尔反应速率，就可计算叶绿体被膜的完整度。

【实验条件】

1. 材料

1.1中分离到的叶绿体。

2. 试剂

(1)测定介质Ⅰ和Ⅱ(配置方法见1.1)。

(2)100 mmol · L^{-1}铁氰化钾：称3.29 g铁氰化钾溶于水，定容至100 mL。

(3)100 mmol · L^{-1} NH_4Cl：称0.54 g NH_4Cl溶于水，定容至100 mL。

(4)适量叶绿体(20～50 μg Chl · mL^{-1}反应体系)。

3. 仪器用具

氧电极测氧全套装置，烧杯，微量移液器，洗耳球等。

【方法步骤】

(1)取0.1 mL叶绿体提取液加到0.9 mL的蒸馏水中并搅拌1 min，使叶绿体被膜胀破，加1 mL测定介质Ⅰ悬浮备用。

(2)取0.1 mL未胀破叶绿体提取液加入反应杯中，视反应杯体积加入测定介质Ⅱ，加入适量铁氰化钾和NH_4Cl，使铁氰化钾和NH_4Cl的最终浓度都为1 mmol · L^{-1}。搅拌，平衡1 min，照光测定希尔反应放氧速率，记录5 min，然后清洗反应杯。

(3)将已胀破叶绿体加入反应杯中，再加入适量测定介质Ⅱ、铁氰化钾和NH_4Cl，使反应体系物质最终浓度同未胀破叶绿体测定体系，测定过程同(2)。

(4)分别计算胀破和未胀破的叶绿体测定体系中单位时间的放氧量(或希尔反应速率)。

【结果与分析】

计算被膜完整度。

$$\text{被膜完整度}(\%)=\frac{A-B}{A}\times 100=\left(1-\frac{B}{A}\right)\times 100 \tag{3-1}$$

式中 A——胀破叶绿体单位时间内的放氧量(或希尔反应速率)；

B——未胀破叶绿体单位时间内的放氧量(或希尔反应速率)。

根据被膜完整度公式计算被膜完整度，判断叶绿体提取分离的效果。

【注意事项】

1. 本实验所用试剂要存放在冰箱中，存放时间不宜过长，最好现配现用。

2. 叶绿体的分离要在 0 ~ 4 ℃下进行，玻璃器皿和溶液都需预冷，操作要快，整个分离过程最好在 5 min 内完成。

3. 离心过程中离心机的转速不宜过高，否则叶绿体中的淀粉粒会打破叶绿体被膜。

4. 被膜完整度的测定过程中，反应杯内破碎叶绿体与完整叶绿体的叶绿素含量应相等。

【思考题】

1. 为什么叶绿体的提取要在低温的介质中进行?

2. 反应体系中为什么要加入 NH_4Cl?

（王凤茹）

实验二　叶绿体色素的提取分离、理化性质和定量测定

【实验目的】

掌握叶绿素的提取、分离和理化性质以及定量测定的方法，熟悉色层分析的原理和方法，掌握分光光度计的使用原理及方法。

【实验原理】

1. 叶绿体色素的提取与分离

叶绿体中所含的色素主要有两大类：叶绿素(包括叶绿素 a 和叶绿素 b)和类胡萝卜素(包括胡萝卜素和叶黄素)。它们与类囊体膜上的蛋白质结合，而成为色素蛋白复合体。这两类色素都不溶于水，而溶于有机溶剂，故可用乙醇或丙酮等有机溶剂提取。提取液可用色层分析的原理加以分离。因吸附剂对不同物质的吸附力不同，当用适当的溶剂推动时，混合物中各成分在两相(流动相和固定相)间具有不同的分配系数，所以它们的移动速度不同，经过一定时间层析后，便可将混合色素分离。

2. 叶绿素理化性质测定

叶绿素是叶绿酸与甲醇和叶绿醇形成的二羧酸酯类，故可与碱起皂化反应而生成醇(甲醇和叶绿醇)和叶绿酸的盐，产生的盐能溶于水中，可用此法将叶绿素与类胡萝卜素分开；叶绿素吸收光子而转变成激发态，激发态的叶绿素分子很不稳定，当其回到基态时可发射出红色荧光。叶绿素与类胡萝卜素具有各自特异的吸收光谱，可用分光光度计精确测定。叶绿素的化学性质很不稳定，容易受强光的破坏，特别是当叶绿素与蛋白质分离以后，破坏更快，而类胡萝卜素则较稳定。叶绿素中的镁可以被 H^+ 所取代而成为褐色的去镁叶绿素，后者遇铜则成为绿色的铜代叶绿素，铜代叶绿素很稳定，在光下不易破坏，故常用此法制作绿色植

物标本。

3. 叶绿体色素的定量测定

根据朗伯—比尔定律，某有色溶液的吸光度值(A)与其中溶质浓度(C)和液层厚度(L)成正比，即$A=aCL$，其中，a为比例常数。

当溶液浓度以百分比浓度为单位，液层厚度为1cm时，a为该物质的吸光系数。

已知叶绿素a、b的80 %丙酮提取液在红光区的最大吸收峰分别为波长663 nm和645 nm，又知在波长663 nm处，叶绿素a、b在该溶液中的吸光系数分别为82.04和9.27，在波长645 nm处分别为16.75和45.60，据此列出浓度(C)与吸光度值(A)之间的关系式：

$$A_{663} = 82.04\ C_a + 9.27C_b \tag{3-2}$$

$$A_{645} = 16.75\ C_a + 45.60C_b \tag{3-3}$$

式中　A_{663}，A_{645}——为叶绿素溶液在波长663 nm和645 nm处测得的吸光度值；

C_a，C_b——分别为叶绿素a、b的浓度($g \cdot L^{-1}$)。

解式(3-2)、式(3-3)联立方程，并把C_a、C_b单位转换为$mg \cdot L^{-1}$得：

$$C_a = 12.72\ A_{663} - 2.59\ A_{645} \tag{3-4}$$

$$C_b = 22.88\ A_{645} - 4.67\ A_{663} \tag{3-5}$$

$$C_T = C_a + C_b = 8.05\ A_{663} + 20.29A_{645} \tag{3-6}$$

式中　C_a，C_b——叶绿素a、b的浓度($mg \cdot L^{-1}$)；

C_T——为总叶绿素浓度($mg \cdot L^{-1}$)。

利用式(3-4)、式(3-5)、式(3-6)可以分别计算出叶绿素a、b及总叶绿素浓度。

丙酮提取液中类胡萝卜素的含量为：

$$C_K = 4.70A_{440} - 0.27C_{a+b} \tag{3-7}$$

由于叶绿体色素在不同溶剂中的吸收光谱有差异，因此，在使用其他溶剂提取色素时，计算公式也有所不同。

【实验条件】

1. 材料

新鲜的菠菜叶或其他植物叶片。

2. 试剂

(1)80%丙酮、石英砂、碳酸钙粉、醋酸铜粉末。

(2)推动剂：按石油醚:丙酮:苯(10:2:1)比例配制(v/v)。

(3)KOH-甲醇溶液：30g KOH溶入100 mL甲醇中，过滤后盛于具橡皮塞的试剂瓶中。

(4)醋酸—醋酸铜溶液：用50%的醋酸100 mL溶入醋酸铜6 g，再加蒸馏水4倍稀释而成。

3. 仪器用具

紫外可见分光光度计，分析天平，移液器，研钵，漏斗，玻璃棒，剪刀，滴管，培养皿，康维皿，药匙，圆形滤纸，滤纸条，试管，试管架，烧杯，刻度吸量管，棕色容量瓶(25 mL)等。

【方法步骤】

1. 叶绿体色素提取与分离

(1)叶绿体色素的提取

①取菠菜或其他植物新鲜叶片，洗净，擦干，去叶脉，称取 5 g，剪碎，放入研钵中。

②研钵中加入少量石英砂及碳酸钙粉，加 10 mL 80% 丙酮，研磨至糊状，再加 20 mL 80% 丙酮，提取 3 ~ 5 min，将上清液过滤于烧杯中。

(2)叶绿体色素的分离

①取圆形定性滤纸一张，在其中心戳一圆形小孔(直径约 3mm)，另取一张滤纸条，用滴管吸取丙酮叶绿体色素提取液，沿纸条的长度方向涂在纸条的一边。使色素扩散的宽度限制在 5 mm 以内，风干后，再重复操作数次，然后沿长度方向卷成纸捻，使浸过叶绿体色素溶液的一侧恰在纸捻的一端(图 3-1)。

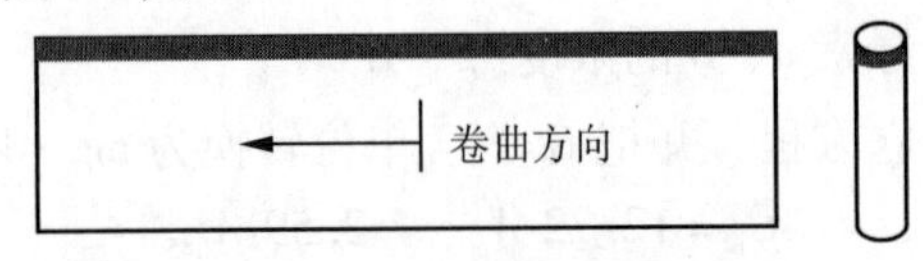

图 3-1　纸捻涂叶绿素位置及卷曲方向

②将纸捻带有色素的一端插入圆形滤纸的小孔中，使与滤纸刚刚平齐(勿突出)。

③在培养皿内放一康维皿，在康维皿中央小室中加入适量的推动剂，把带有色素的纸捻下端浸入推动剂中，迅速盖好培养皿。此时，推动剂借毛细管引力顺纸捻扩散至圆形滤纸上，并把叶绿体色素向四周推动，不久即可看到各种色素的同心圆环。

如无康维皿，也可在培养皿中放入一平底短玻管或塑料药瓶盖，以盛装推动剂。但所用培养皿底、盖直径应相同，且略小于滤纸直径，以便将滤纸架在培养皿边缘上。

④当推动剂前沿接近滤纸边缘时，去除滤纸，风干，即可看到分离的各种色素：叶绿素 a 为蓝绿色，叶绿素 b 为黄绿色，叶黄素为鲜黄色，胡萝卜素为橙黄色。用铅笔标出各种色素的位置和名称。

2. 叶绿素理化性质分析

用步骤 1 提取的叶绿体色素溶液进行以下实验：

(1)荧光现象观察：取 1 支 20 mL 刻度试管，加入 5 mL 浓叶绿体色素丙酮提取液，在反射光下观察叶绿素溶液，呈暗红色。

(2)皂化作用(叶绿素与类胡萝卜素的分离)：在做过荧光现象观察的叶绿体色素丙酮提取液试管中加入 1.5 mL 20% KOH-甲醇溶液，充分摇匀。片刻后，加入 5 mL 苯，摇匀，再沿试管壁慢慢加入 1.5 mL 蒸馏水，轻轻混匀(勿激烈摇荡)，于试管架上静置分层。若溶液不分层，则用滴管吸取蒸馏水，沿管壁滴加，边滴加边摇动，直到溶液开始分层时，静置。可以看到溶液逐渐分为两层，下层是稀的丙酮溶液，其中溶有皂化的叶绿素 a 和 b(以及少量的叶黄素)；上层是苯溶液，其中溶有黄色的胡萝卜素和叶黄素。

(3) H^+ 和 Cu^{2+} 对叶绿素分子中 Mg^{2+} 的取代作用

①取两支试管，第一支试管中加叶绿体色素提取液 5 mL，再加入 1 ~ 2 滴浓 HCl，摇匀，第二支试管只加叶绿体色素提取液 2 mL，作为对照。观察溶液颜色变化。

②当溶液变褐后，再加入少量醋酸铜粉末，稍微加热，观察记载溶液颜色变化情况，并与对照试管相比较。解释其颜色变化原因。

(4)光对叶绿素的破坏作用

①取4支小试管，其中两支各加入5 mL用水研磨的叶片匀浆，另外两支各加入2.5 mL叶绿体色素丙酮提取液，并用80%丙酮稀释1倍。

②取1支装有叶绿体色素丙酮提取液的试管和1支装有水研磨叶片匀浆的试管，放在直射光下，另两支放在暗处，40 min后对比颜色有何变化，解释其原因。

③另取本实验中用圆形滤纸层析分离成的色谱一张，通过圆心裁成两半，一半放在直射光下，另一半放在暗处，30 min后比较两张色谱上的4种色素的颜色有何变化。

3. 叶绿体色素的含量测定

①取新鲜植物叶片，擦净组织表面污物，剪碎，混匀。

②称取剪碎的新鲜样品0.2g，放入研钵中，加少量石英砂和碳酸钙粉及2~3 mL 80%丙酮，研成匀浆。

③将匀浆转移到25 mL棕色容量瓶中，用少量80%丙酮冲洗研钵、研棒及残渣数次，最后连同残渣一起倒入容量瓶中。最后用80%丙酮定容至25 mL，摇匀。离心或过滤。

④将上述色素提取液倒入光径1cm的比色杯内。以80%丙酮为对照调零，在波长663 nm、645 nm和440 nm处测定吸光度值。

【结果与分析】

1. 实验结果观察和描述

观察叶绿素分离实验中4种色素的颜色和位置，并进行简要描述；描述叶绿素具有哪些理化性质。

2. 计算组织中叶绿素含量(mg/g鲜重或干重)

$$叶绿素含量=\frac{叶绿素浓度(C)\times 提取液体积\times 稀释倍数}{样品鲜重(或干重)} \tag{3-8}$$

将测定得到的吸光度A_{663}、A_{645}、A_{440}值分别代入式(3-4)至式(3-7)式计算出C_a、C_b及C_T、C_K(即叶绿素a、b及叶绿素总量浓度和类胡萝卜素浓度)(表3-1)。再按式(3-9)至式(3-12)计算出叶绿素a、b、叶绿素总含量和类胡萝卜素含量。

表3-1　叶绿素含量测定记录表

植物名称	样品鲜重(g)	A_{663}	A_{645}	A_{440}	C_a ($mg\cdot L^{-1}$)	C_b ($mg\cdot L^{-1}$)	C_T ($mg\cdot L^{-1}$)	C_K ($mg\cdot L^{-1}$)

$$叶绿素a含量(mg\cdot g^{-1}FW)=\frac{C_a\times V}{W\times 1000} \tag{3-9}$$

$$叶绿素b含量(mg\cdot g^{-1}FW)=\frac{C_b\times V}{W\times 1000} \tag{3-10}$$

$$叶绿素总含量(mg\cdot g^{-1}FW)=\frac{C_T\times V}{W\times 1000} \tag{3-11}$$

$$类胡萝卜素含量(mg \cdot g^{-1} FW) = \frac{C_K \times V}{W \times 1000} \quad (3\text{-}12)$$

【注意事项】

1. 在低温下发生皂化反应的叶绿体色素溶液，易乳化而出现白絮状物，溶液混浊，且不分层。可激烈摇匀，放在30～40 ℃的水浴中加热，溶液很快分层，絮状物消失，溶液也变得清晰透明。

2. 分离色素时，圆形滤纸中心打的小圆孔周边必须整齐，否则分离的色素不是一个同心圆。

3. 为了避免叶绿素见光分解，操作时应在弱光下进行，研磨时间应尽量短些。

【思考题】

1. 用不含水的有机溶剂如无水丙酮、无水乙醇等提取植物材料特别是干材料的叶绿体色素往往效果不佳，原因何在?

2. 研磨提取叶绿素时加入$CaCO_3$有什么作用?

（史树德）

实验三　植物叶面积的测定方法

【实验目的】

叶片是植物进行光合作用和蒸腾作用等代谢活动的重要器官，其面积的大小在一定范围内与植物的生长密切相关，一方面叶面积的大小影响了植物的光合物质积累，另一方面植物的生长又通过叶面积的变化得到体现。通过本实验，了解测定叶片面积在植物科学研究中的重要意义，掌握测定叶面积常用的几种方法及其原理。

3.1　叶面积仪测定法

【实验原理】

叶面积仪的工作原理是采用方格近似积分法，即将被测叶片划分成许多小格，并统计小格数目，然后再乘以小格面积就得到被测叶面积。叶面积仪一般都包括一个发光装置和一块接收板。接收板上存在许多的光敏电阻，可将发光装置的光信号转变成电信号。但是，当把叶片铺在接收板上时，由于叶片的阻隔，一部分光敏电阻接受不到光，或接收的光不足总光强的50%（即小格面积的一半以上被叶遮盖）。通过仪器的电脑系统处理，可以将这部分小格数计数，并乘以小格面积，即为叶面积，一般以cm^2表示。

【实验条件】

1. 材料

新鲜植物叶片。

2. 仪器

LI-3000 型便携式叶面积仪。

【方法步骤】

取植物叶片，并擦净其上、下叶面。打开探测器上盖，将叶片横向夹入，露出叶基部或叶柄，再合拢探测器上盖。然后右手持探测器柄，按动零按钮，使荧光屏显示“0”。左手轻拉叶片和测长索，使叶片完全通过探测器，记录荧光屏上显示的数字。

【结果与分析】

探测器荧光屏上显示的数字即为该叶片的面积。

【注意事项】

1. 对于较小的叶片，可用脱去药膜的 X 光胶片将其平展地夹在中间，再按上述方法测定。

2. 探测器尽量避免阳光直射。

3. 因为叶面积仪的最大扫描速度为 $1\ m \cdot s^{-1}$，所以拉动叶片的速度不可太快。

3.2　透明方格法

【实验原理】

利用透明方格法测定叶面积也是采用方格近似积分法，即将被测叶片划分成许多小格，并统计小格数目，然后再乘以小格面积就得到被测叶面积。

【实验条件】

1. 材料

新鲜的植物叶片。

2. 用具

标准方格纸(最小方格的规格为 1 mm×1 mm)或坐标纸。

【方法步骤】

将叶片平铺于一定大小的透明方格纸下面，计算叶片所占方格数。或者将叶片铺于一定大小的方格纸上，用铅笔描出叶片图形，再统计图形所占方格数。叶缘处达到或超过半格的计数，不足半格的不计。

【结果与分析】

叶面积依据式(3-13)计算。

$$叶面积(cm^2) = 方格数 \times 每个小方格面积 \tag{3-13}$$

【注意事项】

1. 该方法测定的是离体叶片，为防止叶片失水，取样时可将其装入薄膜袋保存。

2. 对于形状不规则的叶片测量精度较低。

3.3　印相质量测定法(纸样称重法)

【实验原理】

植物叶片都具有一定的厚度。当叶片厚度较均匀时，可近似采用密度法求其叶面积，即分别称量单位面积叶片的质量和待测叶片的总质量，然后按照“$叶面积 = \frac{叶总质量}{单位面积质量}$”即可计算出待测叶片的叶面积。对于厚度不一致的叶片，则可将其印于厚薄均匀的纸上并将其形状剪下，再按照上述原理计算纸的面积即为叶面积。

【实验条件】

1. 材料

新鲜的植物叶片。

2. 试剂

氨水。

3. 仪器用具

晒图纸，平板玻璃，带盖水桶，分析天平(感量 0.000 1 g)，烘箱，剪刀。

【方法步骤】

(1)预先在暗室中按需要裁好大小合适的晒图纸，并保存于不透光的盒内。

(2)将待测叶平铺于玻璃板上，在弱光处取出晒图纸，将有药一侧盖在叶片上，再压上一块玻璃板，并用夹子将两块玻璃板固定。翻转玻璃板，将叶片面朝阳光晒 5 ~ 20 min，直至叶片外部的晒图纸变为灰白色。

(3)弱光下取下晒图纸，立即置于盛有氨水的桶内，加盖。几分钟后取出，叶片形状即清晰地印于纸上。

(4)沿叶片轮廓剪下晒图纸，同时剪下已知准确面积的晒图纸 3 ~ 5 块作为标准。70 ℃烘至恒重，分别称重。

【结果与分析】

根据标准纸的质量计算叶面积。

$$叶面积(cm^2) = \frac{叶状纸重(mg) \times 标准纸面积(cm^2)}{标准纸重(mg)} \tag{3-14}$$

【注意事项】

1. 晒图纸印迹的过程较为复杂，可用简化的方法代替，即将叶片平铺在厚薄均匀的标准纸上，用铅笔沿叶缘描下，再按上述方法测定。

2. 纸一定要厚薄均匀。

【思考题】

1. 3 种叶面积测定方法的原理有何异同?

2. 比较利用 3 种方法测定叶面积的优缺点。

(王文斌)

实验四　红外 CO_2 分析仪法和氧电极法测定植物的光合速率及呼吸速率

【实验目的】

光合速率及呼吸速率测定是植物生理学的基本研究方法之一，在作物丰产生理、作物生态、高产新品种选育以及光合、呼吸作用基本理论的研究等方面有着广泛的用途。

4.1　红外 CO_2分析仪法

【实验原理】

红外线 CO_2气体分析仪（IRGA）工作原理：当红外光经过含有 CO_2的气体时，能量就因 CO_2的吸收而降低，降低的多少与 CO_2的浓度有关，并服从朗伯—比尔定律。即红外线经过 CO_2气体分子时，其辐射能量减少，被吸收的红外线辐射能量的多少与该气体的吸收系数（K）、气体浓度（C）和气体层的厚度（L）有关，可表示如下：

$$E = E_0 e^{-KCL} \qquad (3\text{-}15)$$

式中　E_0——入射红外线的辐射能量；

E——透过的红外线的辐射能量。

一般红外线 CO_2气体分析仪内设置仅让 4. 26 μm 红外线通过的滤光片，其辐射能量即 E_0，只要测得透过的红外线辐射能量（E）的大小，即可知 CO_2气体浓度。

本实验中，IRGA 是测定 CO_2浓度的专用仪器，不能直接测定植物叶片的光合速率，必须根据 IRGA 的性能和测定目的，将 IRGA 与同化室组成一定的气路系统，才能进行叶片光合速率的测定。常用的气路系统有密闭式和开放式两种。

密闭式气路系统：被测植物或叶片密闭在同化室中，不与同化室外发生任何的气体交换，同化室内的 CO_2浓度因光合作用而下降，或由呼吸作用而上升，可用 IRGA 测定同化室内 CO_2浓度的下降值或上升值，根据叶片面积、同化室体积，计算光合速率或呼吸速率。

闭路光合的工作原理为：由两根气路管在叶室和红外线 CO_2分析仪之间连通形成回路进行气体的循环，在叶片的光合作用吸收 CO_2放出 O_2的过程中达到对 CO_2浓度降低的测量，从而计算出植物光合速率等数据。其工作原理如图 3-2：

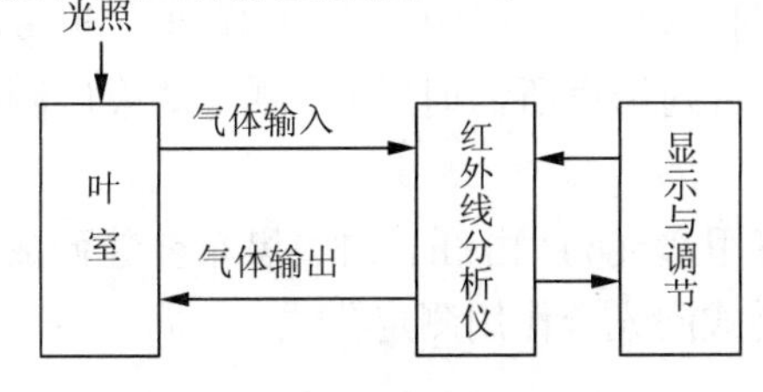

图 3-2　闭路光合的工作原理图

开路光合的工作原理：由单根导气管在红外线 CO_2 分析仪与叶室之间连通，形成开路。在开路光合测量时，通入的气体浓度必须是已知的(如 $C_1 = 500\ \mu L \cdot L^{-1}$)，当数据采集完成后，读出数据(设为 C_2)，那么由仪器读数在光合作用前后的变化值就是植物光合作用所吸收的 CO_2 的量，根据叶片面积、同化室体积，计算光合速率或呼吸速率。其工作原理如图 3-3 所示：

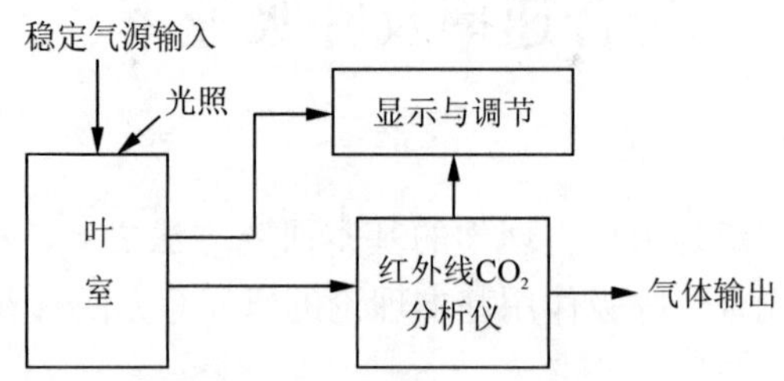

图 3-3 开路光合的工作原理图

【实验条件】

1. 材料

甜菜、丁香、玉米等植物活体叶片。

2. 试剂

无水氯化钙(或无水硫酸钙)，烧碱石棉(10 目)或碱石灰。

3. 仪器用具

GXH-3051 红外线 CO_2 气体分析仪。

【方法步骤】

(1)按仪器使用说明书要求将气路系统的各部分连接起来，打开气室。

(2)接通电源，打开红外仪电源预热 15 min，表头显示的数据为残留在样品室中的 CO_2 的气体浓度值。预热过程中气泵开关应处在关闭的位置上。

(3)将仪器后面板的切换阀旋到左侧的调零位置上，打开气泵电源，约 1 min 后，数显表头的显示值趋向零点附近，调节红外仪前面板“调零”旋钮，显示在“零点”位置。

(4)跨度校准：关上气泵的开关，将仪器后面板的切换阀旋到右侧的测量位置上，将标准气以 $1.2\ L \cdot min^{-1}$ 的流量与仪器的“进气口”相连，使标准气通入仪器内，约 1 min，待显示值稳定以后，旋下跨度电位器上的保护盖，调节跨度旋钮使显示 CO_2 浓度与标准气浓度一致。

(5)将待测叶片放入同化室(气室)，密闭后当 CO_2 浓度稳定下降时，开始测定，读取开始的 CO_2 浓度值 C_1，开始计时，CO_2 下降至 C_2(约下降 $20 \sim 30\ \mu L \cdot L^{-1}$)，终止计时，记录 C_1、C_2、Δt(或确定从测定开始到结束所需时间)，测定结束后测量叶片的面积(气室面积)。光合作用的 $C_1 - C_2 > 0$。

(6)呼吸速率测定：叶室用遮光布(由红、白、黑布叠缝而成)遮光。测定方法同上。呼吸速率的 $C_1 - C_2 < 0$，计算公式同光合作用测定公式。

【结果与分析】

计算净光合速率：

$$Pn = \frac{\Delta C \times V}{\Delta t \times S \times 22.4} \times \frac{273}{273 + t} \times \frac{P}{0.1013} \tag{3-16}$$

式中　Pn——净光合速率($\mu mol \cdot m^{-2} \cdot s^{-1}$)；

ΔC——CO_2浓度差 $C_1 - C_2$($\mu L \cdot L^{-1}$)；

Δt——测定时间(s)；

S——叶片面积(m^2)；

V——系统容积(L)；

t——同化室的温度(℃)；

P——大气压(MPa)。

系统容积是闭路光合中很重要的一项参数。它的值包括了叶室体积、气路管容积和红外线分析仪里气室容积的总合，即

$$V_{系统容积} = V_{叶室体积} + V_{气路管容积} + V_{分析仪气室容积}$$

该仪器的系统容积为0.07 L。

呼吸速率一般用 Rp 表示，计算公式同式(3-16)。

【注意事项】

1. 密闭系统的最基本要求是严格密闭，不能漏气，否则无法测定。

2. 红外仪的滤光效果并不十分理想，水蒸气是干扰测定的主要因素，因此，取样器干燥管内的 $CaCl_2$要经常更换，更要避免 $CaCl_2$吸水溶解进入分析气室。分析气室是红外仪的要害部件，一旦被具有腐蚀性的 $CaCl_2$饱和溶液污染便无法正确测量，应特别注意保护。

3. 实验期间，仪器使用后请立即充电，以确保后续实验正常进行。

【思考题】

比较开路和闭路系统测定植物光合速率和呼吸速率的优缺点。

4.2　氧电极法

【实验原理】

氧电极法测定水中溶解氧，属于极谱分析的一种类型。当两极间外加的极化电压超过氧分子的分解电压时，透过薄膜进入 KCl 溶液的溶解氧便在铂极上还原：

$$O_2 + 2H_2O + 4e^- = 4OH^-$$

银极上则发生银的氧化反应：

$$4Ag + 4Cl^- = 4AgCl + 4e^-$$

此时电极间产生电解电流。由于电极反应的速度极快，阴极表面的氧浓度很快降低，溶液主体中的氧便向阳极扩散补充，使还原过程继续进行，但氧在水中的扩散速度则相对较慢，所以电极电流的大小受氧的扩散速度的限制，这种电极电流又称扩散电流。在溶液静止、温度恒定的情况下，扩散电流受溶液主体与电极表面氧的浓度差控制。随着外加电压的加大，电极表面氧的浓度必然减小，溶液主体与电极表面氧的浓度差加大，扩散电流也随之加大。但当外加的极化电压达到一定值时，阴极表面氧的浓度趋近于零，于是扩散电流的大小完全取决于溶液主体中氧的浓度。此时再增加极化电压，扩散电流基本不再增加，使极谱波(即电流—电压曲线)产生一个平顶。将极化电压选定在平顶的中部，可以使扩散电流的大小基

本不受电压微小波动的影响。因此，在极化电压及温度恒定的条件下，扩散电流的大小即可作为溶解氧定量测定的基础。电极间产生的扩散电流信号可通过电极控制器的电路转换成电压输出，用自动记录仪进行记录。

【实验条件】

1. 材料

甜菜、丁香、玉米等植物活体叶片。

2. 试剂

碳酸氢钠，0.5 mol · L^{-1}（37.28 g · L^{-1}）氯化钾溶液，0.1 mol · L^{-1} 磷酸缓冲液（pH7.0），亚硫酸钠饱和液（现用现配）。

3. 仪器用具

Clark 氧电极，超级恒温水浴，照度计。

【方法步骤】

1. 仪器安装

本实验以国产 CY-Ⅱ型测氧仪为主机，配以反应杯、磁力搅拌器、超级恒温水浴、自动记录仪、光源等，按图 3-4 所示组装成测定溶解氧的成套设备。

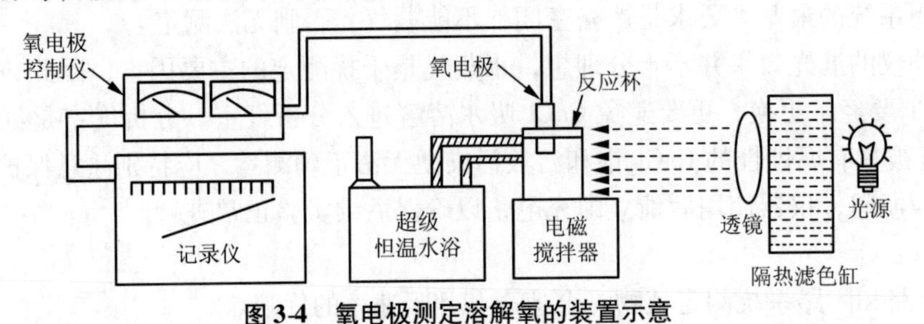

图 3-4　氧电极测定溶解氧的装置示意

2. 测氧仪的检查

(1)开启电源。将波段开关拨至“电池电压”档(图 3-5)，检查电池电压是否正常(满量程为 10 V)，如果电压低于 7 V，则须更换电池，安装时须注意正负极。

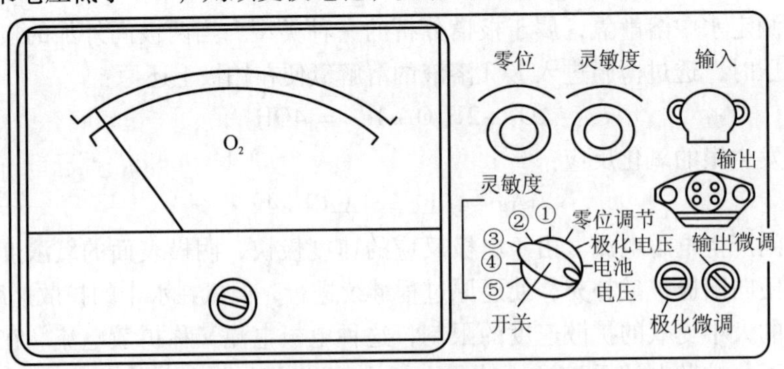

图 3-5　CY-Ⅱ型测氧仪

(2)将波段开关拨至“极化电压”档，检查加于电极两端的电压是否为 0.7 V，偏高或偏低时，可调节“极化微调”使电位器恰好为 0.7 V。

(3)将波段开关拨至“零位调节”档，电表指针应在“0”点，否则，可调节“零位”电位器。

3. 电极的安装

电极包括下列部件：氧电极、电极套、电极套螺塞、聚乙烯薄膜、“O”形橡皮圈。另外还有氯化钾溶液，薄膜安装器[图 3-6(a)]。

从电极套取出电极，将薄膜小圆片放在极套的顶端。把薄膜安装器的凹端压在电极套的顶端，再将“O”形圆推入套端的凹槽内[图 3-6(b)]；轻拉膜，使薄膜与电极套贴合，但不能拉得太紧而使薄膜变形。将 0.5 $mol \cdot L^{-1}$ 氯化钾溶液滴入电极套内，慢慢向下推，直到电极头与薄膜接触。将电极套螺塞拧紧，使电极凸出电极套 0.5 mm 左右[图 3-6(c)]。擦去电极套外的氯化钾液滴。

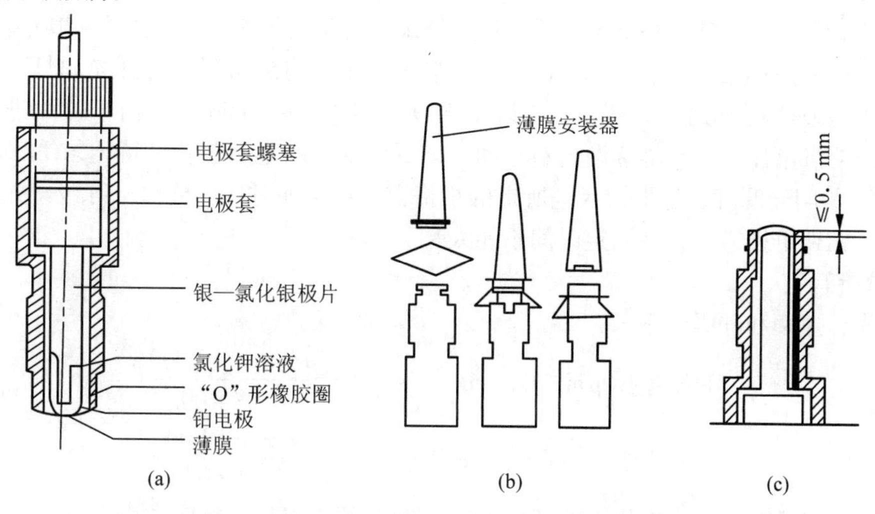

图 3-6　CY-Ⅱ型测氧仪之氧电极及其安装方法

(a)氧电极纵切面　(b)氧电极薄膜安装方法　(c)装好薄漠的氧气电极纵断面

4. 灵敏度的标定及结果计算

用在一定温度和大气压下被空气饱和的水中氧含量进行标定。在反应杯中加满蒸馏水，杯内放一细玻管封住的小铁棒，向反应杯的双层壁间通入 30 ℃(或实验要求的温度)的温水，开启电磁搅拌器，搅拌 5~10 min，使水中溶解氧与大气平衡，将电极插入反应杯(注意电极附近不得有气泡)。将测氧仪灵敏度粗调旋钮拨至适当位置，再调灵敏度旋钮，使记录笔达满度，灵敏度旋钮不要再动。然后向反应杯注入 0.1 mL 饱和亚硫酸钠溶液，除尽水中的氧，记录笔退回至“0”刻度附近。根据当时的水温查出溶氧量以及记录笔横向移动的格数，算出每小格代表的氧量。例如，反应体系温度为 25 ℃，由表上查得饱和溶氧量为 0.253 $\mu mol \cdot mL^{-1}$，反应体系体积为 3 mL，若此时记录笔在 100 格处，注入亚硫酸钠后退回了 80 格，则每小格代表的氧量为：

$$0.253\ \mu mol \cdot mL^{-1} \times 3\ mL/80\ 格 = 0.009\ 49\ \mu mol/格$$

在正式测定时，若加入 3 mL 反应液，经温度平衡后，记录仪记录笔在第 92 格处，经 5 min反应后，记录笔移到第 66 格，则溶液中含氧量的降低值为：

$$(92-66) \times 0.009\ 49 = 0.247\ \mu mol$$

该值为 5 min 内的实际耗氧量。

5. 光合及呼吸速率的测定

(1)材料准备：取甜菜或玉米等植物的功能叶片，切取1 cm^2大小的叶片数块，放在20 mL的注射器中加水抽气，使叶肉细胞间隙的空气排出。然后取出一块再切成1 mm×1 mm的小块。

(2)呼吸速率测定：用蒸馏水洗净反应杯，加入3 mL水，将总面积为1 cm^2的叶小块移入反应杯，电极插入反应杯，注意电极下面不得有气泡，开启电磁搅拌器和恒温水浴水泵，经3~4 min，温度达到平衡，用黑布遮住反应杯，开启记录仪，调好笔速(XWC型记录仪可调至最大笔速，即2 mm·min^{-1})，记下记录笔的起始位置。由于叶片(或其他组织)呼吸耗氧，记录笔逐渐向左移动。3~5 min后，记下记录笔所移动的格数(移动30~40小格即可)。

(3)光合速率测定：测定呼吸速率后，去掉反应杯上的黑布罩，打开光源灯，灯光应通过盛满冷水的玻璃缸射到反应杯上，以降低温度。照光3~5 min后，由于叶片进行光合作用，溶液中溶氧增加，记录笔逐渐向右移动，记下记录笔的起始位置，待记录笔移动约30~40小格时，关闭光源灯，记下记录笔所走的小格数。可按照呼吸—光合—呼吸—光合的顺序重复3次。无须更换样品，但测定时间不能太长。

【结果与分析】

计算光合速率和呼吸速率。

$$\text{呼吸速率}(\mu\text{mol } O_2 \cdot m^{-2} \cdot s^{-1}) = \frac{a \times n_1 \times 10\,000}{A \times t \times 60} \tag{3-17}$$

$$\text{光合速率}(\mu\text{mol } O_2 \cdot m^{-2} \cdot s^{-1}) = \frac{a \times n_2 \times 10\,000}{A \times t \times 60} \tag{3-18}$$

式中 a——记录纸上每小格代表的氧量，(μmol)，根据灵敏度标定求得；

A——叶面积(cm^2)。

t——测定时间(min)，即走纸的距离(mm)/笔速(mm·min^{-1})。

n_1——测呼吸时，记录笔向左走的小格数；

n_2——测光合时，记录笔向右走的小格数。

表3-2 不同温度下水中氧的饱和溶解度

温度(℃)	0	5	10	15	20	25	30	35
氧含量(μmol·mL^{-1})	0.442	0.386	0.341	0.305	0.276	0.253	0.230	0.219

【注意事项】

1. 氧电极对温度变化非常敏感，测定时需要维持温度恒定。

2. 由黑暗转入光照后，光合作用常有一段滞后期，需延迟数分钟才开始放氧。

3. 电极使用一段时间后，会发生污染，灵敏度下降，可用专用清洗剂清洗，然后用蒸馏水冲洗干净。

4. 所用膜必须无破损及皱褶，且不能用手接触。为防止膜内水分蒸发引起KCl沉淀，避免经常灌充KCl溶液，不用时可把电极头浸泡在蒸馏水中。

5. 注意洗净样品管以消除污染。

【思考题】

1. 氧电极法测定光合作用和其他方法相比有何优缺点？

2. 用氧电极法测定光合速率时，为何必须不断搅拌溶液？如果停止搅拌将会出现怎样的现象？如果搅拌速度不均匀将出现什么情况？

（史树德）

实验五　改良半叶法测定植物光合速率

【实验目的】

光合速率是一项重要的生理指标，对分析栽培条件与产量形成的关系有重要意义。改良半叶法是测定植物光合速率的经典方法，本实验要求掌握用改良半叶法测定植物光合速率的原理和方法。

【实验原理】

在对称的叶片上，主脉两侧因所处条件相同，则光合速率相同，光合产量也相等。因此，可先测半叶单位面积的干重，剩下的半叶进行一定时间的光合作用后，在隔断其光合产物向外运输的情况下，再测此半叶的单位面积干重。两者之差，可求得被测叶片在此测定时间内的光合速率。

【实验条件】

1. 材料

正常生长的植物(野生的或试验栽培的)叶片。

2. 试剂

5%三氯乙酸。

3. 仪器用具

干燥箱，干燥器，电子天平(感量0.000 1 g)，打孔器，硬木板，标签，脱脂棉签，剪刀，镊子，纱布，棉花球，刀片，带盖搪瓷盘，铝盒等。

【方法步骤】

1. 选样

在晴天或少云天气的上午8：00～9：00进行。选择生长健壮、充分照光的代表性植株，在各株的相同部位选无损伤且对称性良好的叶片20～30片，挂好有顺序号的标签。

2. 处理叶柄(或叶鞘)

按标签上顺序对选定的叶柄(或叶鞘)进行处理，破坏韧皮部，阻断有机物向茎部的运输。处理方法有环割法、烫伤法和化学抑制法。

(1)环割法：用刀片将叶柄的外层(韧皮部)环割0.5 cm左右。为防止叶片折断或改变方向，可用锡纸或塑料套管包起来保持叶柄原来的状态。

(2)烫伤法：用棉花球或纱布条在90 ℃以上的开水中浸一浸，然后在叶柄基部烫0.5 min左右，出现明显的水浸状就表示烫伤完全。若无水浸状出现可重复做一次。对于韧皮部较厚的果树叶柄，可用融熔的热蜡烫伤一圈。

(3)抑制法：用棉花球蘸取5%三氯乙酸涂抹叶柄一周。注意勿使抑制液流到植株上。

选用何种方法处理叶柄，视植物材料而定。一般双子叶植物韧皮部和木质部容易分开宜采用环割法；单子叶植物如小麦和水稻韧皮部和木质部难以分开，宜使用烫伤法；而叶柄木质化程度低，易被折断叶片采用抑制法可得到较好的效果。

3. 取样

叶柄处理完毕后，再依次沿主脉剪下半叶(不要把主脉剪下来)，将剪下的半叶用湿纱布包好，放搪瓷盘内，盖好盘盖，带回室内。从处理叶柄阻断光合产物外运时起开始计时。4～5 h后，再将植株上的半叶依次采下，用同样方法带回室内。

第一次采回的半叶用打孔器沿主脉每半叶打3～5个(根据叶片或打孔器直径的大小确定)圆片，放干净的铝盒内并记录铝盒编号，进行烘干；第二次采回的半叶做同样处理。

4. 烘干称重

装有新鲜样品的铝盒(打开状态)放入105 ℃烘箱30 min，再降至70～80 ℃烘4～5 h至恒重，盖好盒盖，放干燥器内降至室温，称重。

5. 计算

净光合速率(Pn)计算公式如下：

$$Pn[\mathrm{mg(DW)/(m^2 \cdot s)}] = (W_2 - W_1)/(At) \tag{3-19}$$

式中　$W_2 - W_1$——光合时间内两次样品干重的差值(mg)；

A——主脉一侧圆片的总面积(m^2)；

t——光合时间(s)。

该方法也可用来测定田间条件下的呼吸速率：将留在植株上的半叶用厚纸遮光，4～5 h后，取样烘干称重，求出干重减少量，即可计算出呼吸速率。净光合速率+呼吸速率=真正光合速率。

【结果与分析】

植物的光合速率受植物种类、品种、生长发育时期、叶龄等内部因素的影响，同时也受光照、温度、水肥等环境条件的限制。即使是同一作物品种或同一植株，其叶片的光合速率也因不同植株或同株的不同部位以及不同的生态条件而不同，甚至有较大差异。因此，在测定时要选择一定数量有代表性的植株、叶片和适宜的环境条件，保证测得结果如实反映光合作用的强弱，客观地比较不同品种、不同处理方法等对光合作用的影响。

测定结果除了与选样有关外，还与测定过程中所使用的仪器工具、处理的时间和方法有密切关系。因此，要选用精确度高的电子天平，每半叶采样时尽量多打圆片，操作方法和过程要规范。

【注意事项】

1. 确定代表性的植株后，选择叶龄、长相和受光条件等一致的叶片。

2. 按标签上序号处理叶柄，并保证处理后叶柄的韧皮部受阻且叶片不下垂而保持挺立姿态。

3. 两次按标签依次剪取半叶时，节奏保持一致，使每叶有相同的光合作用时间；带回室内的半叶及时打取圆片，用相同的打孔器，每片叶主脉两侧所取圆片的位置和数量应该相同。

4. 烘干前，检查铝盒内的样品不要混有木屑等杂质，圆片不要叠在一起；在两次烘干过程中，温度和时间要把握一致。

【思考题】

1. 为什么选样时要确定代表性植株并选用叶龄、长相和受光条件一致的叶片？

2. 为了准确测定植物的光合速率，你认为应该把握的主要环节有哪些？

3. 若比较同种作物品种在不同栽培条件下的光合速率，请设计出相应的测定方案。

（寇凤仙）

实验六　小篮子法测定植物呼吸速率

【实验目的】

掌握小篮子法测定呼吸速率的原理与方法。

【实验原理】

利用 $Ba(OH)_2$ 溶液吸收呼吸作用产生的 CO_2，实验结束后用草酸溶液滴定残留的 $Ba(OH)_2$，从空白和样品两者消耗的草酸之差，即可计算出呼吸作用释放的 CO_2 的量。

【实验条件】

1. 材料

萌发的小麦种子。

2. 试剂

0.05 $mol \cdot L^{-1}$ $Ba(OH)_2$ 溶液，0.1% 麝香草酚酞酒精溶液，1/44 $mol \cdot L^{-1}$ 草酸溶液（1 mL草酸相当于 1 mg CO_2）。

3. 仪器用具

广口瓶，温度计，酸式滴定管，干燥棒，尼龙小篮子。

【方法步骤】

(1)取 500 mL 广口瓶一个，装配一只三孔橡皮塞，一孔插入盛碱石灰的干燥棒，以吸收空气中的 CO_2，保证进入呼吸瓶中的空气无 CO_2，一孔插入温度计，一孔用橡皮塞塞住以备滴定用。

(2)称取萌发的小麦种子 15 g，装于小篮子内，将小篮子挂在广口瓶的塞子下，同时在瓶内加入 25 mL 0.05 $mol \cdot L^{-1}$ $Ba(OH)_2$ 溶液，立即塞紧瓶塞并计时，每 10 min 轻轻摇动广口瓶，注意不要让溶液沾到小篮子上。

(3)1 h 后，小心取下瓶塞，迅速取下小篮子，加入 2 滴指示剂，重新塞紧瓶塞，拔出小橡皮塞，开始滴定。溶液由蓝绿色变为无色的临界点即为滴定终点，记录所用草酸体积 V_1。

(4)另取沸水杀死的小麦种子 15 g，重复上述实验步骤(空白实验)，记录所用草酸体积 V_0。

(5)结果计算：

$$呼吸速率 = (V_0 - V_1)/[种子鲜重(g) \times 时间(h)] \quad (3\text{-}20)$$

【结果与分析】

1. 计算小麦种子萌发后的呼吸速率。

2. 比较不同类型种子的呼吸速率，分析差异产生的原因。

【注意事项】

装置不能漏气。

【思考题】

1. 本实验中为何要进行空白滴定？

2. 为何在实验操作过程中动作要迅速？

3. 为何要不时地晃动广口瓶？

图 3-7 呼吸速率测定装置

（贾晓梅）

实验七 叶绿素荧光参数的测定

【实验目的】

了解叶绿素荧光和光合作用能量转换的关系；初步掌握荧光仪的操作模式。

【实验原理】

光合机构吸收的光能有 3 个可能的去向：一是用于推动光化学反应，引起反应中心的电荷分离及后来的电子传递和光合磷酸化；二是转变成热能后散失到环境中(热耗散)；三是以荧光的形式发射出来(图 3-8)。由于这三者之间存在着此消彼长的相互竞争关系，所以可以通过荧光的变化探测光合作用的变化。

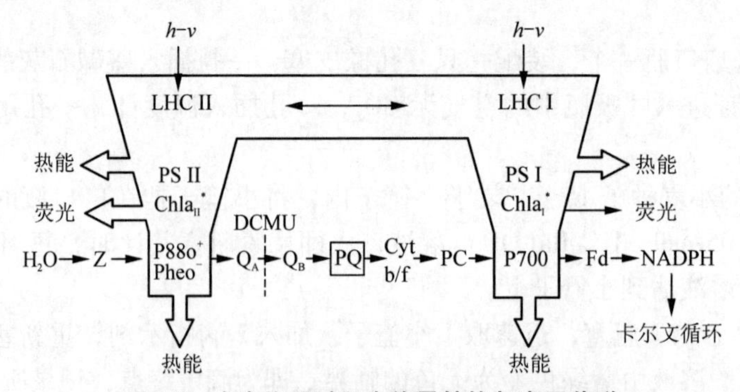

图 3-8 光合作用过程中能量转换与电子传递

Kautsky 和 Hirsch(1931)最先认识到光合原初反应和叶绿素荧光存在着密切关系。他们首次报告了经过暗适应的植物叶片照光后，叶绿素荧光先迅速上升到一个最大值，然后逐渐下降，最后达到一个稳定值。此后，随着研究的深入，人们逐步认识到荧光诱导动力学曲线中蕴藏着丰富的信息。例如，光能的吸收和转化，能量的传递与分配，反应中心的状态，过剩能量的耗散，以及能反映光合作用的光抑制和光破坏。应用叶绿素荧光可以对植物材料进行原位、无损伤的检测，且操作步骤简单。所以叶绿素荧光越来越受到人们的青睐，在光合生理和逆境生理等研究领域有着广泛的应用。

植物体内的叶绿素荧光诱导动力学曲线的测定可采用脉冲调制式荧光仪和连续激发式(非调制式)荧光仪两种不同的方法，它们各有不同的特点。

1. 脉冲调制式荧光仪

由于调制式荧光仪用来测量荧光的光源是调制脉冲光(高频率的闪光)，植物发出的荧光信号与仪器光源发出的光可以区分开，所以用它可以在有背景光的情况下测定。调制式荧光仪的测量步骤是：先打开测量光(measuring light，绿光，光强光量子通量密度(PPFD)小于 $10\ \mu mol \cdot m^{-2} \cdot s^{-1}$)，测暗适应叶片的最小荧光($Fo$)；然后打开饱和脉冲光(saturating flash light，通常用白光，光强 PPFD 大于 $3000\ \mu mol \cdot m^{-2} \cdot s^{-1}$，确保 Q_A 全部还原)用于测最大荧光(Fm)；然后再开启作用光(actinic light，通常用白光，用于推动光合作用的光化学反应)，使所测材料受光而进行光合作用。当所测材料光适应后，开启测量光测光适应叶片的稳态荧光(Fs)，然后打开饱和脉冲光测光适应后的最大荧光(Fm')，关掉作用光，打开远红光(far-red light)，优先激发 PSⅠ，使 PSⅡ电子传递体处于氧化状态，测定光适应叶片的最小荧光(Fo')(图 3-9)。根据这些参数可以计算暗适应下 PSⅡ的最大量子产额[$Fv/Fm = (Fm - Fo)/Fm$]、光适应下 PSⅡ的最大量子产额[$Fv'/Fm' = (Fm' - Fo')/Fm'$]、光适应下的 PSⅡ反应中心开放的比例[$qP = (Fm' - Fs)/(Fm' - Fo')$]、光适应下 PSⅡ的实际光化学效率[$\Phi_{PSII} = (Fm' - Fs)/Fm'$](Genty 等，1989)、光适应下的非光化学猝灭($NPQ = Fm/Fm' - 1$)(Demmig-Adams 和 Adams，1996)等。这些参数除了 Fv/Fm 反映了荧光诱导动力学曲线上升过程的 O—P 段外，其他都是反映 P 点之后的下降过程。由于光合作用的碳同化反应能反馈影响光合原初反应，调制式荧光仪主要通过测量光合作用的原初光化学反应的情况来反映光合作用启动后的光能捕获、转化及利用情况。而对于碳同化反应活化前 PSⅡ的光化学变化，连续激发式荧光仪获得的信息则更多。

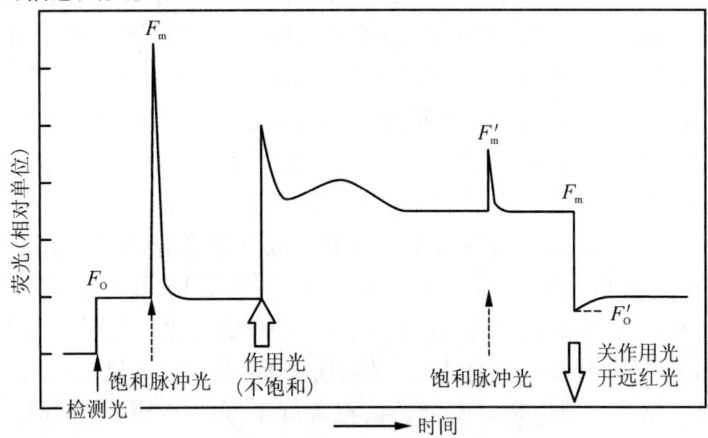

图 3-9　用脉冲调制式荧光仪测定荧光参数的叶绿素荧光动力学曲线

(注：引自许大全《光合作用效率》，2002)

2. 连续激发式荧光仪

连续激发式荧光仪也称为植物效率仪(Plant Efficiency Analyser，PEA 或 Handy PEA，Hansatech 公司，英国)主要是通过短时间照光后荧光信号的瞬时变化反映暗反应活化前 PS Ⅱ 的光化学变化，它具有相当高的分辨率(初始记录速度为每秒 10 万次，即 100 kHz)，所以能够从 $O-P$ 上升过程中捕捉到更多的荧光变化信息[图 3-10(a)]，如 $O-P$ 变化过程中的另外两个拐点(J 点和 I 点)。从 10 μs 最长到 300 s(Handy－PEA)内不同时间的荧光信号都能被及时记录。在对快速叶绿素荧光诱导动力学曲线作图时，为了更好地观察 J 点和 I 点，一般把代表时间的横坐标改为用对数坐标，使呈现出 $O-J-I-P$ 诱导曲线[图 3-10(b)]。

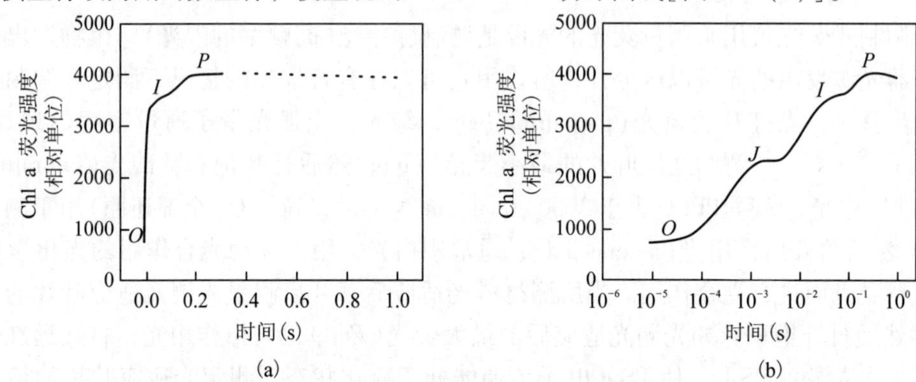

图 3-10 用连续激发式荧光仪测定的快速叶绿素荧光诱导动力学曲线

(a)时间坐标为线性形式 (b)时间坐标为对数形式

植物效率仪在生理生态研究中的应用：

(1)常用荧光参数 Fo、Fm、Fv/Fm 的快速测定。

(2)用 Fv/Fm 研究植物 PSII 光抑制、光破坏，以及 Fv/Fm 的日变化。

(3)荧光参数 PI 在选育优良品种中的应用：Handy PEA 植物效率仪具有测定简便快捷、易于多次重复；仪器便于携带、存储量大等优点，因此我们可以应用 Handy PEA 来从后代品系中快速筛选优良品种，可以对大量的后代群体进行初步筛选，然后再进行进一步的常规筛选。PI(Performance Index)光合性能指数，反应了 PS Ⅱ整体的功能，而光系统Ⅱ(PS Ⅱ)在逆境中最容易受到伤害，所以我们可以用 PI 进行快速筛选。PI 比 Fv/Fm 等反映 PS Ⅱ 活性的参数敏感的多，因为 Fv/Fm 是最大光化学效率，是 PS Ⅱ潜在的功能，在许多胁迫下并不会明显变化，而参数 PI 反应了 PS Ⅱ整体的功能，只要 PS Ⅱ的部分受到伤害，PI 就能反应出来。

(4)研究 PS Ⅱ受体侧、供体侧及反应中心的状态：随着温度的升高，荧光参数 Wk 逐渐升高，这表明高温伤害了 PS Ⅱ的电子供体侧即放氧复合体的活性。温度 35 ℃以下没有伤害到放氧复合体的活性，35 ℃以上随着温度的升高，放氧复合体的活性降低；随着温度的升高，荧光参数 RC/CS、ΨEo 逐渐降低，这表明高温伤害到了 PS Ⅱ的反应中心和 PS Ⅱ的受体侧。Wk，RC/CS，ΨEo 分别在 35 ℃、37.5 ℃、40 ℃开始变化，表明高温先伤害到 PS Ⅱ的反应中心，接着伤害供体侧(放氧复合体)，最后伤害 PS Ⅱ的受体侧(注：并非所有植物在高温胁迫下都是这个规律，不同植物对温度的敏感程度不同，PS Ⅱ的各部位受伤害程度也不同)。

【实验条件】

1. 材料

活体植物叶片。

2. 仪器用具

FMS-2 便携式调制荧光仪(英国 Hansatech 公司)，Handy-PEA 连续激发式荧光仪(英国 Hansatech 公司)，暗适应夹。

【方法步骤】

1. FMS-2 便携式调制荧光仪简单操作指南

(1)将暗适应夹夹到要测定的植物叶片的合适部位(如叶片中部，避开主叶脉)，推上遮光片，对植物材料进行充分的暗适应。暗适应时间以 20～30 min 为宜。

(2)安装仪器电池，将暗适配器(密闭式适配器)连接到光纤头上，旋转固定按钮，将暗适配器和光纤固定，开机。

(3)将暗适配器与暗适应夹扣好，打开遮光片，按"Run"键，仪器进行数据测定，测定结束后显示：

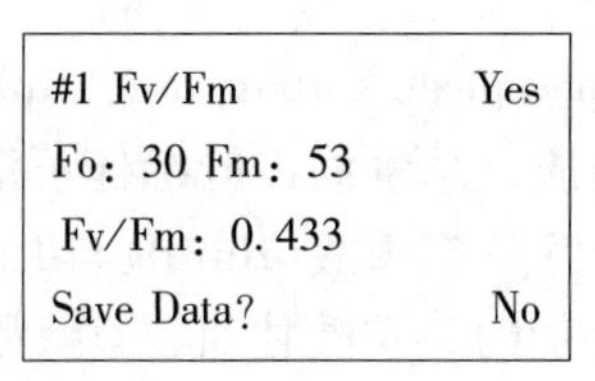

(4)按"Yes"保存数据(或者将参数 Fo，Fm 以及 Fv/Fm 的数值记录下来)，数据保存后仪器显示记录号，将该记录号记下。仪器自动返回到开机后界面。

(5)重复步骤(3)、(4)，将所要测定的材料测定结束后，关机。

(6)传输数据(详细操作见仪器附带使用说明书)。

2. Handy-PEA 连续激发式荧光仪操作指南

(1)将暗适应夹夹到要测定的植物叶片的合适部位，推上遮光片，对植物材料进行充分的暗适应。暗适应时间以 20～30 min 为宜。

(2)将仪器的探头和主机连接好，按"On/Off"按钮，打开仪器，显示主菜单。

(3)将探头与暗适应夹扣好，打开暗适应夹遮光片，按探头上的快捷键(快捷键为探头上的按钮)，测定开始，等仪器界面显示数据后，记录 *Fv/Fm* 和 *PI* 值。继续按快捷键，记录下文件号对应的植物材料，按快捷键，直至回到主菜单，测定结束。

(4)重复步骤(3)，将所有的实验样品测定结束，关机。

(5)传输数据(详细操作见仪器附带使用说明书)。

【结果与分析】

将"处理"与"对照"的数据整理后，进行比较分析，给出合理的解释。

【注意事项】

1. 测定温度：在 20 ℃以下测定时，由于光导纤维和叶片之间的温差引起探头表面结水，造成低估 *q*P。

2. 叶片表面特性：叶片上下表面特性不同，导致不同的 *Fv/Fm*。

3. 荧光数值的测定比较简单，但分析解释这些数据却较复杂。因此，在根据荧光测定资料做出结论之前，做另一些指标的平行测定是很有必要的。也就是说，最好将荧光分析与其他方法相结合，特别是与气体交换测定相结合，以便看清植物对环境变化响应的全景。

【思考题】

1. 叶绿素荧光与热耗散以及光化学反应三者之间的关系。

2. 仪器中饱和脉冲光的使用对理解上述三者之间关系的作用。

（李奕松）

实验八　RuBP 羧化酶活性测定（分光光度法）

【实验目的】

了解 RuBP 羧化酶在光合作用中的作用；熟悉 RuBP 羧化酶活性测定的原理和方法。

【实验原理】

RuBP 羧化酶（ribulose-1，5-bisphosphate carboxylase，RuBPCase）是光合作用碳代谢中重要的调节酶，是植物中最丰富的蛋白质，总量约占叶绿体可溶性蛋白的 50%～60%。在 RuBPCase 的催化下，1 分子的核酮糖-1，5 －二磷酸（RuBP）与 1 分子的 CO_2结合，产生 2 分子的 3-磷酸甘油酸（PGA），PGA 可通过外加的 3-磷酸甘油酸激酶和甘油醛-3-磷酸脱氢酶的作用，产生甘油醛-3-磷酸，并使还原型辅酶 I（NADH）氧化，反应如下：

$$RuBP + CO_2 \xrightarrow{RuBPCase,\ Mg^{2+}} 2PGA$$

$$PGA + ATP \xleftrightarrow{\text{3-磷酸甘油酸激酶}} \text{甘油酸-1,3-二磷酸} + ADP$$

$$\text{甘油酸-1,3-二磷酸} + NADH + H^+ \xleftrightarrow{\text{甘油醛-3-磷酸脱氢酶}} \text{甘油醛-3-磷酸} + NAD^+ + Pi$$

通过上述反应，固定 1 分子 CO_2就有 2 分子 NADH 被氧化。由波长 340 nm 处的吸光度值变化可计算 NADH 的量，由此可计算 RuBPCase 的活性。

为使 NADH 的氧化与 CO_2的固定同步，需加入磷酸肌酸（CrP）和磷酸肌酸激酶的 ATP 再生系统。

$$ADP + CrP \xleftrightarrow{\text{磷酸肌酸激酶}} ATP + Cr$$

【实验条件】

1. 材料

新鲜菠菜、水稻或小麦等植物叶片。

2. 试剂

（1）50 $mmol \cdot L^{-1}$ ATP 溶液，0.2 $mmol \cdot L^{-1}$ $NaHCO_3$溶液，50 $mmol \cdot L^{-1}$磷酸肌酸溶液，25 $mmol \cdot L^{-1}$ RuBP 溶液，160 $U \cdot mL^{-1}$磷酸肌酸激酶溶液，160 $U \cdot mL^{-1}$3-磷酸甘油醛脱氢酶溶液，160 $U \cdot mL^{-1}$磷酸甘油酸激酶溶液，5 $mmol \cdot L^{-1}$NADH。

（2）RuBPCase 提取介质：40 $mmol \cdot L^{-1}$ Tris-HCl 缓冲液（pH 7.6），内含 10 $mmol \cdot L^{-1}$ $MgCl_2$、0.25 $mmol \cdot L^{-1}$ EDTA 和 5 $mmol \cdot L^{-1}$谷胱甘肽。

(3)反应介质：100 mmol·L^{-1} Tris-HCl 缓冲液(pH 7.8)，内含 12 mmol·L^{-1} $MgCl_2$ 和 0.4 mmol·L^{-1} EDTA。

3. 仪器用具

紫外分光光度计，高速冷冻离心机，匀浆器或研钵，移液管，吸耳球。

【方法步骤】

1. 酶粗提液的制备

取新鲜植物叶片 10 g，洗净擦干，转入匀浆器中，加入 10 mL 预冷的提取介质，高速匀浆 30 s，停 30 s，再匀浆 30 s，反复 3 次；匀浆液经 4 层纱布过滤，滤液于 4 ℃下 2000×g 离心 15 min，弃沉淀，上清液为酶粗提液。置 0 ℃保存备用。

2. RuBPCase 活性测定

按照表 3-3 配制反应体系。

表 3-3　RuBPCase 的反应体系

试　剂	加入体积(mL)	试　剂	加入体积(mL)
5mmol·L^{-1} NADH	0.2	反应介质	1.4
50mmol·L^{-1} ATP	0.2	160U·mL^{-1}磷酸肌酸激酶	0.1
酶粗提液	0.1	160U·mL^{-1} 3-磷酸甘油酸激酶	0.1
50mmol·L^{-1}磷酸肌酸	0.2	160U·mL^{-1} 3-磷酸甘油醛脱氢酶	0.1
0.2mmol·L^{-1} $NaHCO_3$	0.2	蒸馏水	0.3

将配制好的反应体系摇匀，倒入比色杯内，以蒸馏水为空白，在紫外分光光度计上测定波长 340 nm 处的吸光度值，作为零点值。将 0.1 mL RuBP 加于比色杯内，立刻计时，每隔 30 s 测定 1 次吸光度值，共测 3 min。以不加 RuBP 的作为对照(反应体系同上，酶粗提液最后加)。以零点到第 1 min 内吸光度下降值计算酶活性。

【结果与分析】

RuBPCase 活性依据式(3-21)计算。

$$\text{RuBPCase 活性}(\mu\text{mol}CO_2\cdot mL^{-1}\text{液}\cdot min^{-1})=\frac{\Delta A\times n\times 10}{6.22\times 2\times d\times \Delta t} \tag{3-21}$$

式中　ΔA——反应最初 1 min 内 340 nm 处吸光度变化值减去对照液最初 1 min 的变化量；

n——稀释倍数；

10——提取液总体积；

6.22——每 mmol NADH 在波长 340 nm 处的吸光系数；

2——每固定 1 mol CO_2 有 2 mol NADH 被氧化；

d——比色杯光程(cm)；

Δt——测定时间(1 min)。

【注意事项】

RuBP 不稳定，在 pH5.0~6.5 之间、-20 ℃条件下可保存 2~4 周，最好现用现配。

【思考题】

1. RuBP 羧化酶在植物光合作用中的生物学意义是什么?

2. 为什么加入 ATP 再生系统可以使 NADH 的氧化与 CO_2 的固定同步?

(王文斌)

实验九 植物体内抗坏血酸氧化酶和多酚氧化酶活性的测定

【实验目的】

植物体内的末端氧化酶有抗坏血酸氧化酶、多酚氧化酶、乙醇酸氧化酶、细胞色素氧化酶、交替氧化酶等。这个复杂的氧化酶系统有助于植物对外界环境条件的适应。其中抗坏血酸氧化酶与植物的某些合成反应有关；多酚氧化酶与植物的愈伤反应有关。

通过本实验，复习呼吸作用的多样性和末端氧化酶的相关知识；掌握植物体内抗坏血酸氧化酶和多酚氧化酶活性的测定方法。

【实验原理】

1. 抗坏血酸氧化酶

抗坏血酸氧化酶在有氧情况下，能氧化抗坏血酸形成脱氢抗坏血酸，同时促使氢与空气中的氧结合成水。

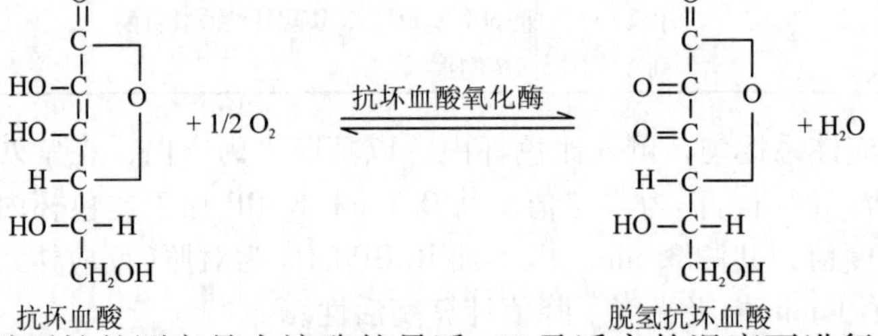

$$\text{抗坏血酸} + 1/2\ O_2 \xrightleftharpoons{\text{抗坏血酸氧化酶}} \text{脱氢抗坏血酸} + H_2O$$

抗坏血酸氧化酶活性的测定是在该酶的最适 pH 及适宜的温度下进行的。首先，向反应体系中加入一定量的底物(抗坏血酸)及酶提取液，让酶作用一段时间，然后通过测定底物被消耗的量来计算酶的活性。抗坏血酸被消耗的量，可用碘液滴定剩余的抗坏血酸来测定。反应式如下：

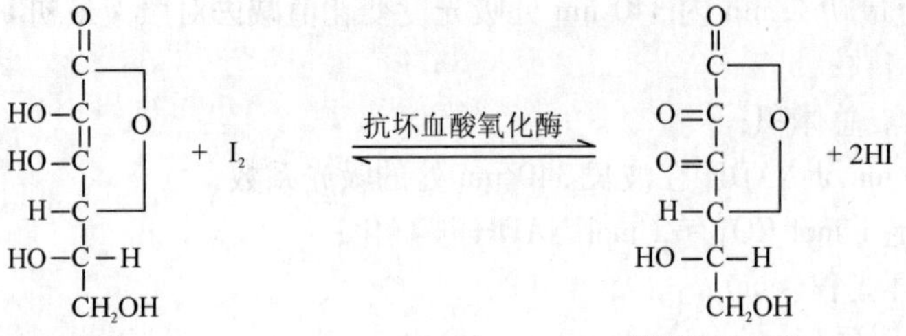

$$\text{抗坏血酸} + I_2 \xrightleftharpoons{\text{抗坏血酸氧化酶}} \text{脱氢抗坏血酸} + 2HI$$

2. 多酚氧化酶

多酚氧化酶在有氧存在的条件下，可以将酚氧化成醌。

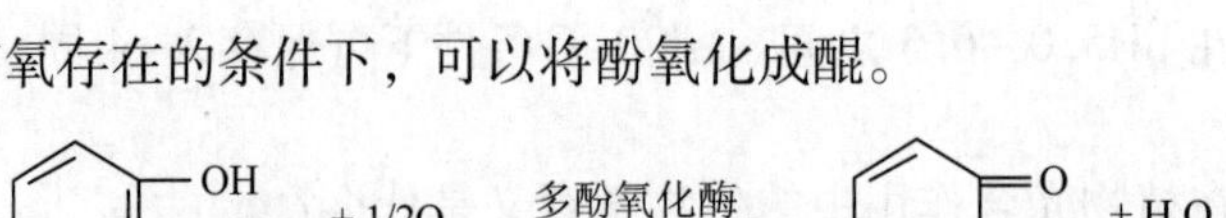

$$\text{邻苯二酚} + 1/2O_2 \xrightarrow{\text{多酚氧化酶}} \text{邻醌} + H_2O$$

邻醌再与抗坏血酸作用，将其氧化成脱氢抗坏血酸。这种氧化还原关系是由于酚类物质与抗坏血酸之间的氧化还原电位差异决定的。酚类物质比抗坏血酸的氧化还原电位高，因而邻醌能夺取抗坏血酸上的氢，使自身得以还原。因此，多酚氧化酶的测定与抗坏血酸氧化酶的测定类似，除了向反应体系中加入多酚氧化酶的底物——多元酚类，还要加入抗坏血酸。多酚氧化酶的活性，可以间接由抗坏血酸的消耗量求得。

邻醌 + 抗坏血酸 → 脱氢抗坏血酸 + 邻苯二酚

【实验条件】

1. 材料

马铃薯块茎。

2. 试剂

(1)pH 6.0 的磷酸盐缓冲液(PBS)：A 液为 1/15 mol · L^{-1}磷酸氢二钠溶液，B 液为 1/15 mol · L^{-1}磷酸二氢钾溶液，取 A 液 10 mL 与 B 液 90 mL 混匀即可。

(2)0.1% 抗坏血酸，实验当天配制。

(3)0.02 mol · L^{-1}邻苯二酚：称取 0.22 g 邻苯二酚溶于 100 mL 水中，实验当天配制。

(4)10% 偏磷酸溶液。

(5)1% 淀粉溶液。

(6)0.005mol · L^{-1} 碘液：碘化钾 2.5 g 溶于 200 mL 蒸馏水中，加磷酸 1 mL，再加 0.1 mol · L^{-1}碘酸钾(0.3567g 碘酸钾溶于水，定容至 100 mL)12.5 mL，最后加蒸馏水定容成 250 mL。

3. 仪器用具

研钵，容量瓶(50 mL)，三角瓶(50 mL 6 个)，微量滴定管，移液管(5 mL 1 支、2 mL 2 支、1 mL 2 支)，漏斗，洗耳球，滤纸，恒温水浴。

【方法步骤】

1. 酶液的提取

称取马铃薯块茎 4 g，放入研钵中，加少量石英砂，加 pH 6.0 的磷酸盐缓冲液约 5 mL，迅速研成匀浆后转入 50 mL 容量瓶中，把全部材料都用缓冲液洗入 50 mL 容量瓶中，最后用缓冲液定容至刻度。

将容量瓶放在 18 ~ 20 ℃水浴中浸提 30 min，中间摇动数次，再静止 20 min，其上清液即为酶的提取液。将上清液(酶浸提液)倾入干净的三角瓶中备用。

2. 酶活性的测定

取 6 个 50 mL 干净干燥的三角烧瓶，标上号码，除酶液外，按表 3-4 加入各试剂(单位:

mL)：先在各瓶中加水、抗坏血酸及邻苯二酚，并向 3 及 6 号瓶加入 1 mL 偏磷酸。将三角瓶放在 18～20 ℃水浴中(或放在室温下)，然后依次向各瓶中加 2 mL 酶提取液，准确记录加入酶液的时间。反应 3 min 后立即向 1、2、4、5 号三角烧瓶中加入 1 mL 偏磷酸，终止酶的活动。待反应瓶冷却后，各加入 3 滴淀粉溶液做指示剂，然后用 0.005 mol · L^{-1} 碘液滴定至溶液变为浅蓝色。记录消耗碘液的数量。

表 3-4　酶活性测定各试剂表

瓶号	PBS	抗坏血酸	邻苯二酚	偏磷酸	酶液	偏磷酸	备　注
1	4	2	0	0	2	1	测抗坏血酸氧化酶
2	4	2	0	0	2	1	测抗坏血酸氧化酶
3	4	2	0	1	2	0	空白测定
4	3	2	1	0	2	1	测抗坏血酸氧化酶及多酚氧化酶
5	3	2	1	0	2	1	测抗坏血酸氧化酶及多酚氧化酶
6	3	2	1	1	2	0	空白测定

【结果与分析】

酶活性以每克鲜组织、每分钟氧化抗坏血酸的毫克数表示。计算方法如下：

$$\text{抗坏血酸氧化酶活性} = \frac{\left[(3) - \frac{(1)+(2)}{2}\right] \times 0.44 \times \text{酶提取液总量(mL)}}{\text{样品质量(g)} \times \text{测定时间(min)} \times \text{测定时酶液用量(mL)}} \tag{3-22}$$

式中　0.44 ——每毫升 0.005 mol · L^{-1} 碘液氧化抗坏血酸毫克数；

(1)、(2)、(3)——分别为滴定 1、2、3 号三角瓶中溶液至浅蓝色所用碘液的体积(mL)。

由于多酚氧化酶提取液中有两种酶，4 号瓶与 5 号瓶中又有两种底物，所以 4 号瓶与 5 号瓶中包括两种酶的活性，在求多酚氧化酶的活性时必须减去抗坏血酸氧化酶的活性。

$$\text{多酚氧化酶活性} = \frac{\left[(6) - \frac{(4)+(5)}{2}\right] - \left[(3) - \frac{(1)+(2)}{2}\right] \times 0.44 \times \text{酶提取液总量(mL)}}{\text{样品重量(g)} \times \text{测定时间(min)} \times \text{测定时酶液用量(mL)}} \tag{3-23}$$

式中　(4)、(5)、(6)——分别为滴定 4、5、6 号三角瓶中溶液至浅蓝色所用碘液的体积(mL)。

【注意事项】

1. 快速称取样品，并迅速在低温下研磨成匀浆，加入预先用冰水冷却的缓冲液，稀释至刻度。避免在空气中停留过久。
2. 使用微量滴定管时，要小心赶走气泡，滴定时轻轻转动活塞，注意终点的判断。
3. 保证各反应时间一致。

【思考题】

1. 何谓末端氧化酶？已知的末端氧化酶有哪些？
2. 举例说明末端氧化酶如何适应环境的变化？

(谷守芹)

实验十　可溶性糖含量的测定

【实验目的】

掌握测定植物材料可溶性糖含量的原理和方法。

10.1　蒽酮比色法

【实验原理】

糖在浓硫酸作用下，可以经脱水反应生成糠醛或羟甲基糠醛，生成物可与蒽酮反应生成蓝绿色糠醛衍生物。一定范围内，反应物颜色的深浅与糖的含量成正比。在可见光范围内，其吸收峰为630 nm，可在此波长下进行比色检测，故可用于糖的定量测定。蒽酮比色法可以测定所有的糖类，包括淀粉、纤维素等(浓硫酸可将多糖分解后发生反应)，注意去除未溶解残渣，防止纤维素、半纤维素等与蒽酮试剂反应增加测定误差。另外，不同糖分显色深浅不同。果糖显色最深，葡萄糖次之，半乳糖、甘露糖较浅，五碳糖显色更浅，测定混合物时，糖分比例不同会造成测定结果的差异，但测定单一糖类时，可以避免此种误差。

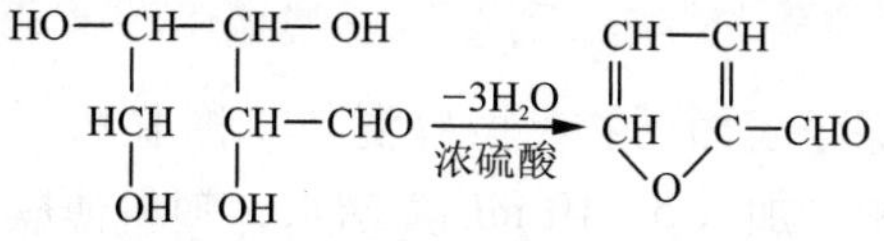

戊糖 $\xrightarrow[\text{浓硫酸}]{-3H_2O}$ 糠醛

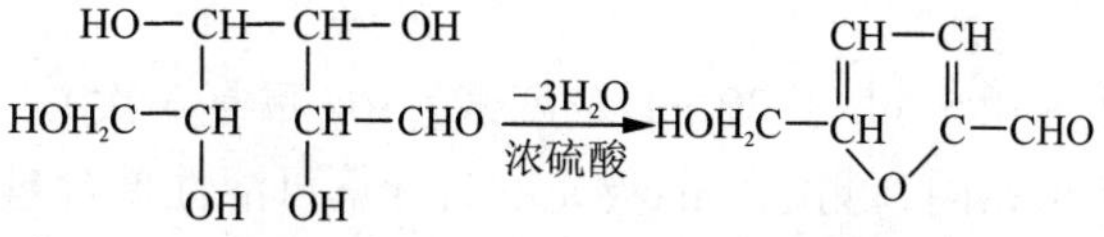

己糖 $\xrightarrow[\text{浓硫酸}]{-3H_2O}$ 羟甲基糠醛

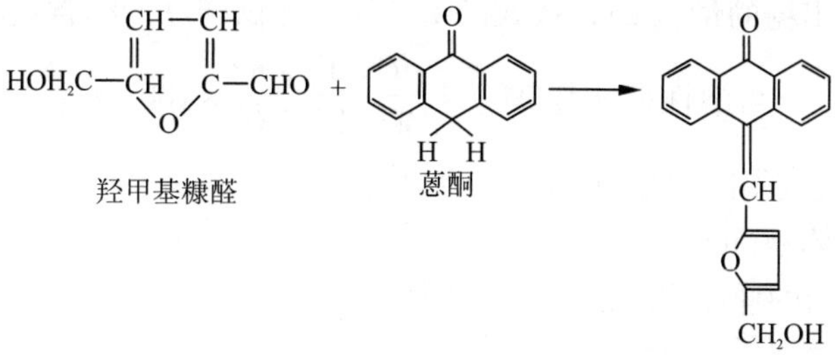

羟甲基糠醛 + 蒽酮 $\longrightarrow$ 糠醛衍生物(蓝绿色)

【实验条件】

1. 材料

新鲜或烘干的植物叶片。

2. 试剂

蒽酮乙酸乙酯试剂(分析纯蒽酮1 g，溶于50 mL乙酸乙酯中，贮存在棕色瓶，黑暗保存数周，如有结晶析出，可微热溶解)，浓硫酸(相对密度1.84)。

3. 仪器用具

分光光度计，水浴锅，刻度试管，刻度吸管。

【方法步骤】

1. 标准曲线的制作

(1)1% 蔗糖标准液：将分析纯蔗糖在 80 ℃烘烤至恒重，精确称取 1.000 g。用少量水溶解，转入 100 mL 容量瓶中，加入 0.5 mL 浓硫酸，用蒸馏水定容至刻度。

(2)100 μg · mL^{-1}蔗糖标准液：精确吸取 1% 蔗糖标准液 1 mL 加入 100 mL 容量瓶中，加水至刻度定容。取 20 mL 刻度试管 11 支，从 0~10 编号，按表 3-5 加蔗糖液和水。然后按顺序向试管中加入 0.5 mL 蒽酮乙酸乙酯试剂和 5 mL 浓硫酸，充分振荡，立即将试管放入沸水浴中，逐管准确保温 1 min。取出后自然冷却至室温，以空白作参比，在波长 630 nm 处测定吸光度，以糖含量为横坐标，以吸光度值为纵坐标，绘制标准曲线，并求出标准线性方程。

表 3-5 蒽酮比色法测可溶性糖标准曲线试剂量

试 剂	试管号										
	0	1	2	3	4	5	6	7	8	9	10
100 μg · mL^{-1}蔗糖标准液(mL)	0	0.2	0.2	0.4	0.4	0.6	0.6	0.8	0.8	1.0	1.0
水(mL)	2.0	1.8	1.8	1.6	1.6	1.4	1.4	1.2	1.2	1.0	1.0
蔗糖(μg)	0	20	20	40	40	60	60	80	80	100	100

2. 可溶性糖的提取

取新鲜植物叶片，擦净表面污物，剪碎混匀，称取 0.10~0.30 g，共 3 份(或干材料)。分别放入 3 支刻度试管中，加入 5~10 mL 蒸馏水，塑料薄膜封口，于沸水中提取 30 min(提取 2 次)，提取液过滤到 25 mL 容量瓶中，用蒸馏水反复漂洗试管及残渣并定容至刻度。

3. 显色测定

吸取样品提取液 0.5 mL 于 20 mL 刻度试管中(重复 3 次)，加蒸馏水 1.5 mL，测定样品与标准曲线测定步骤相同，测定样品吸光度后计算可溶性糖含量。

【实验结果】

由标准线性方程求出糖的量(μg)，按式(3-24)计算测试样品的糖含量。

$$可溶性糖含量(\%) = \frac{C \times V_T \times n}{W \times V_s \times 10^6} \times 100 \tag{3-24}$$

式中 C——从标准曲线查得的糖量(μg)；

V_T——提取液总体积(mL)；

V_s——测定时取用的样品提取液体积(mL)；

n——稀释倍数；

W——样品质量(g)。

10.2 苯酚比色法

【实验原理】

糖在浓硫酸的作用下，脱水形成糠醛或羟甲基糠醛，能与苯酚缩合成一种橙红色化合物，在 10~100 mg 范围内其颜色深浅与糖的含量成正比，且在 485 nm 波长下有最大光吸收，故可用比色法在此波长下测定。苯酚法可以用于甲基化的糖、戊糖和多聚糖的测定，简单经济，灵敏度高，实验时基本不受蛋白质存在的影响，并且产生的颜色可稳定160 min以上。

【实验条件】

1. 材料

新鲜的植物叶片。

2. 试剂

90%苯酚溶液(称取90 g苯酚(AR)，加蒸馏水10mL溶解，在室温下可保存数月)；9%苯酚溶液(取3 mL 90%苯酚溶液，加蒸馏水至30 mL，现配现用)；浓硫酸(相对密度1.84)；1%蔗糖标准液(分析纯蔗糖在80 ℃下烘干至恒重，精确称取1.000 g。加少量水溶解，转入100 mL容量瓶中，加入0.5 mL浓硫酸，用蒸馏水定容至刻度)；100 μg·mL^{-1}蔗糖标准液(精确吸取1%蔗糖标准液1 mL加入100 mL容量瓶中，加水至刻度)。

3. 仪器用具

分光光度计，水浴锅，刻度试管，刻度吸管。

【方法步骤】

1. 标准曲线的制作

取20 mL刻度试管11支，从0～10分别编号，按表3-6加入蔗糖溶液和水。

表3-6　苯酚比色法测可溶性糖标准曲线试剂量

试　剂	试管号										
	0	1	2	3	4	5	6	7	8	9	10
100 μg·mL^{-1}蔗糖标准液(mL)	0	0.2	0.2	0.4	0.4	0.6	0.6	0.8	0.8	1.0	1.0
水(mL)	2.0	1.8	1.8	1.6	1.6	1.4	1.4	1.2	1.2	1.0	1.0
蔗糖(μg)	0	20	20	40	40	60	60	80	80	100	100

然后按顺序向试管内加入1 mL 9%苯酚溶液，摇匀，再从管液正面在5～20 s内加入5 mL浓硫酸，摇匀。比色液总体积为8 mL，在室温下放置30 min，比色。然后以空白为参比，在波长485 nm处测定吸光度值，以糖含量为横坐标，吸光度值为纵坐标，绘制标准曲线，并求出标准线性方程。

2. 可溶性糖的提取

取新鲜植物叶片(或干材料)，擦净表面污物，剪碎混匀，称取0.10～0.30 g，共3份。分别放入3支刻度试管中，加入5～10 mL蒸馏水，塑料薄膜封口，于沸水中提取30 min(提取2次)，提取液过滤到25 mL容量瓶中，用蒸馏水反复漂洗试管及残渣，定容至刻度。

3. 显色测定

吸取样品提取液0.5 mL于20 mL刻度试管中(重复2次)，加蒸馏水1.5 mL，测定样品与标准曲线测定步骤相同，按顺序分别加入苯酚、浓硫酸溶液，显色后测定样品吸光度值。从标准曲线查出糖含量。

【实验结果】

按式(3-25)计算测试样品的糖含量。

$$\text{可溶性糖含量}(\%)=\frac{C\times V_T\times n}{W\times V_s\times 10^6}\times 100 \tag{3-25}$$

式中 C——从标准曲线查得的糖量(μg)；

V_T——提取液总体积(mL)；

V_s——测定时取用的样品提取液体积(mL)；

n——稀释倍数；

W——样品质量(g)。

10.3 3,5-二硝基水杨酸法

【实验原理】

3,5-二硝基水杨酸溶液与还原糖即各种单糖和麦芽糖溶液共热后被还原成棕红色的氨基化合物，在一定范围内，还原糖的量和棕红色物的物质颜色深浅程度成一定比例关系。在波长540 nm处测定棕红色物质的吸光度值，通过查标准曲线，便可以求出样品中还原糖的含量。

【实验条件】

1. 材料

食用面粉。

2. 试剂

(1)1mg · mL^{-1}葡萄糖标准液：准确称取100 mg分析纯葡萄糖(预先80 ℃烘至恒重)，置于小烧杯中，用少量蒸馏水溶解后，定量转移至100mL容量瓶中，蒸馏水定容至刻度，摇匀，冰箱中保存备用。

(2)3,5-二硝基水杨酸试剂：6.3 g 3,5-二硝基水杨酸和262 mL 2mol · mL^{-1} NaOH溶液，加到500 mL含有185 g酒石酸钾钠的热水溶液中，再加5 g结晶酚和5 g亚硫酸钠，搅拌溶解。冷却后再加入蒸馏水定容至1000 mL，贮于棕色瓶中备用。

3. 仪器用具

刻度试管，大离心管或玻璃漏斗，三角瓶，容量瓶，烧杯，刻度吸管，离心机，沸水浴，电子天平，分光光度计。

【方法步骤】

1. 制作葡萄糖标准曲线

取7支具有25 mL刻度的刻度试管，编号，按表3-7所示的量，精确加入浓度为1 mg · mL^{-1}的葡萄糖标准液和3,5-二硝基水杨酸试剂。

表3-7 葡萄糖标准曲线试剂量

试剂	试管号						
	0	1	2	3	4	5	6
1 mg · mL^{-1}葡萄糖标准液(mL)	0	0.2	0.4	0.6	0.8	1.0	1.2
蒸馏水(mL)	2.0	1.8	1.6	1.4	1.2	1.0	0.8
3,5-二硝基水杨酸试剂(mL)	1.5	1.5	1.5	1.5	1.5	1.5	1.5
相当于葡萄糖量(mg)	0	0.2	0.4	0.6	0.8	1.0	1.2

将各管摇匀，在沸水浴中加热5 min，取出后立即放入盛有冷水的烧杯中冷却至室温，再以蒸馏水定容至25 mL，用橡皮塞塞住管口，混匀(如用大试管，则向每管加入21.5 mL蒸馏水，混匀)。在波长540 nm处，用0号管调零，分别测定1~6号管的吸光度值。以吸光度值为纵坐标，葡萄糖毫克数为横坐标，绘制标准曲线，求得回归方程。

2. 样品中还原糖的测定

(1)样品中还原糖的提取：准确称取3 g食用面粉，放在100 mL的烧杯中，先用少量蒸馏水调成糊状，然后加50 mL蒸馏水，搅匀，置于50 ℃恒温水浴中保温20 min，使还原糖浸出。离心或过滤，用20 mL蒸馏水洗去残渣，再离心或过滤，将两次离心的上清液或滤液全部收集在100 mL的容量瓶中，用蒸馏水定容至刻度，混匀，作为还原糖待测液。

(2)显色和比色：取3支25 mL刻度试管，编号，分别加入还原糖待测液2 mL，3,5-二硝基水杨酸试剂1.5 mL，其余操作同标准曲线，测定各管的吸光度值。

【结果与分析】

分别在标准曲线上查出相应的还原糖毫克数，按式(3-26)计算还原糖的百分含量。

$$还原糖(\%)=\frac{由回归方程求得的还原糖毫克数\times\frac{提取液的体积(mL)}{显色时取用体积(mL)}}{样品(g)\times 1000}\times 100 \tag{3-26}$$

【注意事项】

1. 分光光度计提前预热20 min以上。
2. 比色前溶液一定要摇匀。

【思考题】

1. 测定植物体内糖含量有什么意义？
2. 蒽酮比色法和苯酚法测定糖含量有何异同点？在实验操作中注意什么问题？

(时翠平)

实验十一　植物组织游离氨基酸总量的测定

【实验目的】

氨基酸是组成蛋白质的基本单位，也是蛋白质的分解产物。植物根系吸收、同化的氮素主要以氨基酸和酰胺的形式进行运输。所以，熟悉和掌握测定植物组织中不同时期、不同部位游离氨基酸的含量对于研究根系生理、氮素代谢有一定意义。

【实验原理】

氨基酸与茚三酮共热时，能定量地生成二酮茚胺。该产物显示蓝紫色，称为Ruhemans紫。其吸收峰在波长570 nm处，而且在一定范围内吸光度值与氨基酸浓度成正比。氨基酸与茚三酮的反应分两步进行，第一步：氨基酸被氧化形成CO_2、NH_3和醛，茚三酮被还原成还原型茚三酮；第二步：所形成的还原型茚三酮与另一个茚三酮分子和一分子氨脱水缩合生成二酮茚—二酮茚胺(Ruhemans 紫)，反应式如下：

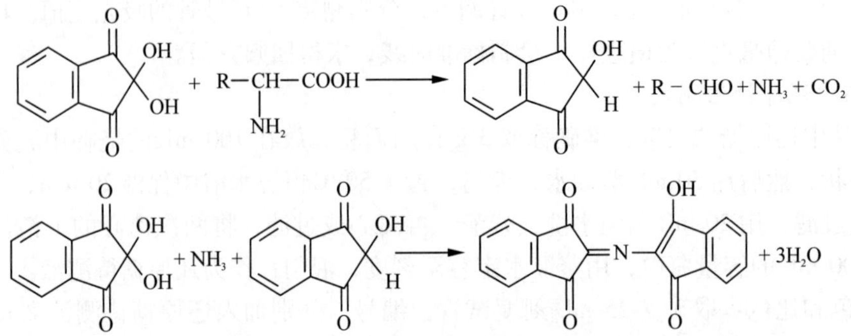

$$\text{(水合茚三酮)} + R\text{—}\underset{NH_2}{CH}\text{—}COOH \longrightarrow \text{(还原型茚三酮)} + R-CHO + NH_3 + CO_2$$

$$\text{(水合茚三酮)} + NH_3 + \text{(还原型茚三酮)} \longrightarrow \text{(二酮茚—二酮茚胺)} + 3H_2O$$

在一定范围内，反应体系颜色的深浅与游离氨基的含量成正比，因此，可用分光光度法测定其含量。

【实验条件】

1. 材料

各种植物组织。

2. 试剂

(1)水合茚三酮试剂：称取 0. 6 g 再结晶的茚三酮置烧杯中，加入 15 mL 正丙醇，搅拌使其溶解。再加入 30 mL 正丁醇及 60 mL 乙二醇，最后加入 9 mL pH5. 4 的乙酸—乙酸钠缓冲液，混匀，贮于棕色瓶，置 4 ℃下保存备用，10 天内有效。

(2)乙酸—乙酸钠缓冲液(pH5. 4)：称取乙酸钠 54. 4 g 加入 100 mL 无氨蒸馏水，在电炉上加热至沸，使体积蒸发至 60 mL 左右。冷却后转入 100 mL 容量瓶中，加 30 mL 冰醋酸，再用无氨蒸馏水稀释至 100 mL。

(3)标准氨基酸：称取 80 ℃下烘干的亮氨酸 46. 8mg，溶于少量 10% 异丙醇中，用 10% 异丙醇定容至 100 mL。取该溶液 5 mL，用蒸馏水稀释至 50 mL，即为含氨基氮 5 $\mu g \cdot mL^{-1}$ 的标准氨基酸溶液。

(4)0. 1% 抗坏血酸：称取 50 mg 抗坏血酸，溶于 50 mL 无氨蒸馏水中，随配随用。

(5)10% 乙酸。

3. 仪器用具

分光光度计，分析天平，研钵，容量瓶，试管，移液管，水浴锅，三角瓶，漏斗，洗耳球。

【方法步骤】

1. 样品制备

取新鲜植物样品，洗净、擦干并剪碎、混匀后，迅速称取 0. 5 ~ 1. 0 g，于研钵中加入 5 mL 10% 乙酸，研磨匀浆后，用蒸馏水稀释至 100 mL。混匀，并用干滤纸过滤到三角瓶中备用。

2. 制作标准曲线

取 6 支 20 mL 刻度试管，按表 3-8 操作。

表 3-8　制作游离氨基酸标准曲线各试剂量及操作程序

试　剂	试管号					
	1	2	3	4	5	6
标准氨基酸(mL)	0	0.2	0.4	0.6	0.8	1.0
无氨蒸馏水(mL)	2.0	1.8	1.6	1.4	1.2	1.0
水合茚三酮(mL)	3.0	3.0	3.0	3.0	3.0	3.0
抗坏血酸(mL)	0.1	0.1	0.1	0.1	0.1	0.1
每管含氮量(μg)	0	1.0	2.0	3.0	4.0	5.0

加完试剂后混匀，盖上大小合适的玻璃球，置沸水中加热 15 min，取出后用冷水迅速冷却并不时摇动，使加热时形成的红色被空气逐渐氧化而褪去，当呈现蓝紫色时，用60%乙醇定容至20 mL。混匀后用1 cm光径比色杯在波长570 nm处测定吸光度值，以吸光度值为纵坐标，以含氮量为横坐标，绘制标准曲线。

3. 样品测定

吸取样品滤液1.0 mL，放入20 mL干燥试管中，加无氨蒸馏水1.0 mL，其他步骤与制作标准曲线相同。根据样品吸光度值在标准曲线上查得含氮量。

【结果与分析】

按式(3-27)计算样品中氨基态氮的含量。

$$100\text{g 样品中氨基态氮含量} = \frac{C \times V_T}{W \times V_s} \times 100 \qquad (3\text{-}27)$$

式中　C——从标准曲线上查得的氨基态氮含量(μg)；

V_T——样品稀释总体积(mL)；

V_s——测定时样品体积(mL)；

W——样品鲜重(g)。

【注意事项】

1. 合格的茚三酮应该是微黄色结晶，若保管不当，颜色加深或变成微红色，必须重新结晶后方可使用。其方法如下：5 g茚三酮溶于15 mL热蒸馏水中，加入0.25 g活性炭，轻轻摇动，溶液太稠时，可适量加水，30 min后用滤纸过滤，滤液置冰箱中过夜后即可见微黄色结晶析出，用干滤纸过滤，再用1 mL蒸馏水洗结晶一次，置于干燥器中干燥后贮于棕色瓶中。

2. 茚三酮与氨基酸反应所生成的Ruhemans紫在1 h内保持稳定，故稀释后尽快比色。

3. 空气中的氧干扰显色反应的第一步。以抗坏血酸为还原剂，可提高反应的灵敏度，并使颜色稳定。但由于抗坏血酸也可与茚三酮反应，使溶液颜色过深，故应严格掌握加入抗坏血酸的量。

4. 反应温度影响显色稳定性，超过80 ℃，溶液易褪色；可在80 ℃水浴中加热，并适当延长反应时间，效果良好。

【思考题】

1. 茚三酮与所有氨基酸的反应产物颜色都相同吗？为什么？

2. 抗坏血酸在测定中的作用是什么?

（史树德）

实验十二 植物体内可溶性蛋白质含量的测定

【实验目的】

蛋白质是植物体内重要的有机物质，通过蛋白质含量的测定，可反映出植物体的代谢强弱，也可通过蛋白质含量的多少反映植物光合作用能力的大小。通过本实验熟悉蛋白质含量测定的方法及其原理。

12.1 考马斯亮蓝 G-250 染色法

【实验原理】

考马斯亮蓝 G-250(Coomassie brilliant blue G-250)测定蛋白质含量属于染料结合法的一种。该染料在游离状态呈红色，在稀酸溶液中，当它与蛋白质的疏水区结合后变为青色，前者最大光吸收在波长465 nm 处，后者在595 nm。在一定蛋白质含量范围内(1~1000 μg)，蛋白质与色素结合物在波长 595 nm 处的吸光度值与蛋白质含量成正比，故可用于蛋白质的定量测定。且该反应十分迅速，2 min 左右即达到平衡。其结合物在室温下 1h 内保持稳定。

【实验条件】

1. 材料

小麦叶片或其他植物材料。

2. 试剂及配制

(1)石英砂，0.1 mol · L^{-1}磷酸缓冲液(pH 7.0)，100 μg · mL^{-1}牛血清蛋白标准溶液，100 mg · L^{-1}考马斯亮蓝 G-250 试剂。

(2)100 μg · mL^{-1}牛血清蛋白标准溶液：称取 25 mg 牛血清蛋白，加蒸馏水溶解并定容至 100 mL，将此溶液稀释 2.5 倍即为 100 μg · mL^{-1}牛血清蛋白标准溶液。4 ℃下保存备用。

(3)100 mg · L^{-1}考马斯亮蓝 G-250 试剂：称取 100 mg 考马斯亮蓝 G-250 溶于50 mL90%乙醇中，加入 85%(w/v)磷酸 100 mL，最后用蒸馏水定容至 1000 mL，贮存在棕色瓶中。此溶液在常温下可放置 1 个月。

3. 仪器用具

721 型分光光度计，高速冷冻离心机，研钵，离心管，容量瓶，试管，移液管，电子天平等。

【方法步骤】

1. 0~100 μg · mL^{-1}标准曲线的制作

取 6 支 15 mL 具塞刻度试管，编号，按表 3-9 依次加入 100 μg · mL^{-1}牛血清蛋白和蒸馏水，最后依次向各管中加入考马斯亮蓝 G-250，加完试剂后盖上玻璃塞，将溶液混合均匀，放置2～3 min后，在波长595 nm处测定吸光值度。以牛血清蛋白含量为横坐标，吸光度值为纵坐标，绘制标准曲线并求回归方程。

表3-9　配制0～100μg · mL^{-1}牛血清蛋白标准液试剂用量

试　剂	试管号					
	1	2	3	4	5	6
100 μg · mL^{-1}牛血清蛋白(mL)	0.00	0.20	0.40	0.60	0.80	1.00
蒸馏水(mL)	1.00	0.80	0.60	0.40	0.20	0.00
考马斯亮蓝 G-250(mL)	5.00	5.00	5.00	5.00	5.00	5.00
蛋白质含量(μg)	0.00	20.00	40.00	60.00	80.00	100.00

2. 可溶性蛋白质的提取

称取0.1～0.2 g小麦(或其他植物)叶片，剪碎，置于预冷的研钵中，加入5 mL预冷的0.1 mol · L^{-1}(pH 7.0)磷酸缓冲液(分几次加入)，石英砂少许，在冰浴下研磨成匀浆，倒入离心管中，4000 rpm离心10 min(2～4 ℃)，所得上清液即为样品提取液。

3. 样品的测定

准确吸取上述蛋白质提取液0.1 mL，加入0.9 mL蒸馏水和5 mL考马斯亮蓝G-250试剂，充分混合，放置2～3 min后在波长595 nm处比色，测得溶液在波长595 nm处的吸光度值，并通过标准曲线查得蛋白质含量。

【结果与分析】

蛋白质含量计算公式如下：

$$样品中蛋白的含量(mg \cdot g^{-1}FW) = \frac{C \times V_T}{W \times V_s \times 1000} \tag{3-28}$$

式中　C——查标准曲线值(μg)；

V_T——提取液总体积(mL)；

V_s——测定时加样量(mL)；

W——样品鲜重(g)；

1000——将μg换算成mg。

【注意事项】

比色应在出现蓝色2 min至1 h内完成，该方法适于测定植物的非绿色组织中的蛋白质含量。

【思考题】

在考马斯亮蓝G-250染色法测定蛋白质含量的方法中，标准曲线的制作方法与其他类似实验有何不同?

12.2　紫外吸收法

【实验原理】

大多数蛋白质由于有酪氨酸和色氨酸的存在，在紫外光波长280 nm处有吸收高峰，据此可以进行蛋白质含量的测定。但是在分离提纯蛋白质时，往往混杂有核酸，核酸在波长

280 nm处也有吸收，干扰测定，不过核酸的最大吸收峰在波长 260 nm。通过计算消除核酸存在的影响，可以求得有核酸存在时蛋白质的浓度。

【实验条件】

1. 材料

小麦叶片或其他植物材料。

2. 试剂

石英砂，0.1 mol · L^{-1}磷酸缓冲液(pH 7.0)。

3. 仪器用具

紫外分光光度计，高速冷冻离心机，研钵，离心管，容量瓶，移液管，电子天平等。

【方法步骤】

1. 可溶性蛋白质的提取

可溶性蛋白质的提取与考马斯亮蓝 G-250 染色法相同。

2. 样品的测定

取适量的样品提取原液，根据蛋白质浓度，用 0.1 mol · L^{-1}磷酸缓冲液(pH 7.0)适当稀释后，用紫外分光光度计分别在波长 280 nm 和 260 nm 处测定吸光度值，以 0.1 mol · L^{-1}磷酸缓冲液(pH 7.0)为空白对照。

【结果与分析】

紫外法测定蛋白质含量，样品不需要经过预先处理，即可直接进行测定。该方法简单而快速，又不损害样品中的蛋白质，测定之后的样品仍可另作他用。样品中有硫酸铵或其他盐类存在也不影响测定。在柱层析分离酶或蛋白质时，常为人们所采用。

蛋白质含量计算公式如下：

$$\text{蛋白质浓度}(\mathrm{mg \cdot mL^{-1}}) = 1.45 \times A_{280} - 0.74 \times A_{260} \tag{3-29}$$

$$\text{蛋白质含量(质量分数)} = \frac{(1.45 \times A_{280} - 0.74 \times A_{260}) \times n}{W} \tag{3-30}$$

式中　1.45 和 0.74——校正值；

A_{280}——蛋白质溶液在波长 280 nm 处的吸光度值；

A_{260}——蛋白质溶液在波长 260 nm 处的吸光度值；

n——稀释倍数；

W——样品质量(mg)。

【注意事项】

不同蛋白质的氨基酸组成不同，因而光密度也不尽相同，这就会带来测定误差。蛋白溶液中存在核酸或核苷酸时会影响紫外吸收法测定蛋白质含量的准确性，尽管利用上述公式进行了校正，但由于不同样品中干扰成分差异较大，致使波长 280 nm 处紫外吸光度值的准确性稍差。

【思考题】

1. 试比较紫外吸收法与考马斯亮蓝 G-250 染色法测定可溶性蛋白质含量的优缺点？

2. 测定植物体内可溶性蛋白质含量有什么意义？

（郭红彦）

第 4 篇

植物生长物质与细胞信号转导

实验一　高效液相色谱法测定植物体内细胞分裂素(CTKs)含量

【实验目的】

掌握高效液相色谱法测定植物材料细胞分裂素(CTKs)含量的原理和方法。

【实验原理】

细胞分裂素(CTKs)是一类促进细胞分裂、诱导芽的形成并促进其生长的植物激素，属于腺嘌呤的衍生物，常见的 CTKs 有 6-苄氨基嘌呤、激动素、玉米素等，其化学结构如图 4-1 所示。

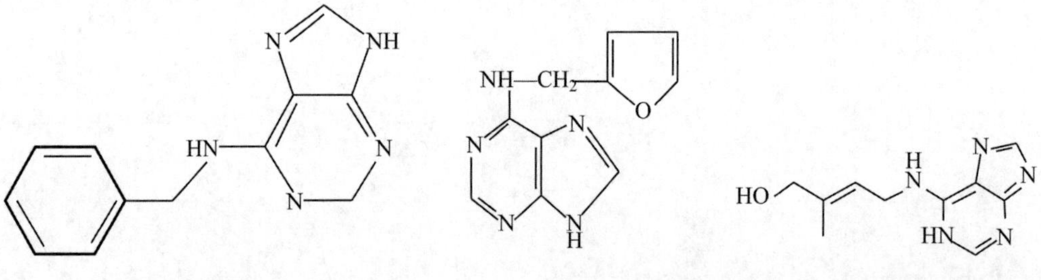

6-苄氨基嘌呤　　激动素　　玉米素

图 4-1　常见细胞分裂素的化学结构图

细胞分裂素(CTKs)的提取一般采用甲醇、丙酮和乙醇等有机溶剂直接从植物材料中提取。在提取过程中，组织中的其他成分如糖、氨基酸、蛋白质、酚类和色素物质等会被同时提取出来，且由于植物激素含量甚微，杂质会干扰内源激素的检测。因此，要在检测前通过溶剂萃取、柱色谱等一系列分离和纯化步骤去除上述杂质。

溶剂萃取是利用混合物各组分在两种不相溶的溶剂中溶解度或分配系数不同的特点，把混合物中的某一组分从一种溶剂转移到另一种溶剂中以达到分离的目的。由于相似相溶原理，一些极性较小的有机溶剂如石油醚、正已烷、三氯甲烷等常被用作萃取极性较小色素的萃取剂，而乙酸乙酯、正丁醇、$NaHCO_3$ 和缓冲液等也常被用作激素分离的萃取剂。

离子交换柱色谱是根据可解离基团(如氨基、磷酸基等)的解离常数(pKa)不同，特别是等电点(pI)的不同，导致被分离组分与固定相之间发生离子交换的能力差异而进行离子交换层析分离。细胞分裂素(CTKs)不带正电荷，故不与阳离子树脂交换，最早从柱内直接流出。由于 pKa 和 pI 的差别，当用氨水洗脱时，随着 pH 逐渐升高，不同物质彼此分离。

高效液相色谱是色谱法的一个重要分支，以液体为流动相，采用高压输液系统，将具有不同极性的单一溶剂或不同比例的混合溶剂、缓冲液等流动相泵入装有固定相的色谱柱，其原理为分配色谱，即样品被固定相(柱子填料)吸附后，在流动相的洗脱过程中，由于样品的极性不同，在流动相中溶解的浓度也不同，从而溶解度大的化合物会被先洗脱出来，在柱内各成分被分离后，进入检测器进行检测，从而实现对试样的分析。

【实验条件】

1. 材料

植物叶片等。

2. 试剂

液氮或干冰，pH 1.5 的缓冲液，Dowex-50(H^+型)或 732(H^+型)阳离子交换树脂，$NH_3 \cdot H_2O$，石油醚(沸程 30～60 ℃)，乙酸乙酯(分析纯)，超纯水，细胞分裂素(CTKs)标准品，甲醇(色谱纯)。

3. 仪器用具

高效液相色谱仪，分析天平，广口保温瓶，分液漏斗，常压色谱柱，旋转蒸发仪。

【方法步骤】

1. 样品采集和保存

样品一般采自田间，数量较多时，可将天平(精度 1/100 或 1/10)带至田间，样品采集后即行称重，用塑料薄膜袋或玻璃纸封装后迅速投入盛有液氮(－196 ℃)或干冰(－79 ℃)的广口保温瓶中速冻，待全部样品采集后，带回实验室置低温冰箱(≤－20 ℃)保存待测。也可在冰冻后称重，但因样品冰冻失水，控制不好易引起误差。如果试材距实验室近，并且环境气温较低，而且采后立即进行前处理，则可不用冰冻样品。

2. 提取

在通风橱内，用 80% 预冷甲醇在 4 ℃下(冰浴)搅拌浸提 3 次，甲醇用量 5～10 $mL \cdot g^{-1}$ FW。有色组织以质体崩溃、组织脱色作为完全提取的直观标志。在提取率高的前提下，尽可能控制不使提取时间过长(以不超过 24 h 为宜)，以防止可能发生的分解作用。

3. 分离和纯化

(1)溶剂萃取：将甲醇提取液加入分液漏斗，并加入等体积石油醚(沸程 30～60 ℃)振荡充分，保留甲醇相，萃取 2～5 次。

将萃取后的甲醇提取液用旋转蒸发仪浓缩，浓缩物溶于少量超纯水中，用 1 $mol \cdot L^{-1}$ HCl 调 pH 至 2.8，再用等体积乙酸乙酯萃取 3 次，保留水相。水提取液浓缩至浸膏状。

(2)柱色谱：配制 pH 为 1.5 的缓冲液。采用强酸性的阳离子交换树脂 Dowex－50(H^+型)或 732(H^+型)装填常压色谱柱，并用缓冲液充分润柱。将水提取液浸膏用缓冲液溶解，加到色谱柱顶层，以 3 $mol \cdot L^{-1}$的 $NH_3 \cdot H_2O$ 为洗脱液进行洗脱。将洗脱液减压浓缩成浸膏状。

(3)高效液相色谱(HPLC)测定：将细胞分裂素(CTKs)标准品用甲醇配制成 1 $mg \cdot mL^{-1}$的储备液，贮存于 4 ℃冰箱。取储备液，逐步稀释到 2.000、1.000、0.5000、0.250、0.125 $\mu g \cdot mL^{-1}$。作为制作标准曲线用溶液。待测样品溶于甲醇中。

在室温下(20～25 ℃)，以甲醇＋水为流动相，对样品进行检测。流动相起始时为甲醇 10%＋水 90%，此后甲醇浓度每分钟增加 1%，最终至甲醇 100%＋水 0%，流速 1 $mL \cdot min^{-1}$，紫外检测波长为 254 nm。制作标准曲线，并测定样品中 CTKs 含量。

【结果与分析】

以细胞分裂素(CTKs)标准品各色谱峰面积对应标准物浓度作图，通过查标准曲线可知样品中细胞分裂素的含量。

样品中细胞分裂素含量($\mu g \cdot g^{-1}FW$) = 由样品峰面积查得的含量($\mu g \cdot mL^{-1}$) × 稀释倍数 × 样品总体积(mL) ÷ 样品鲜重(g)　　(4-1)

【注意事项】

1. 样品应尽可能快速采集和固定，以减少激素损失。

2. 萃取时，应防止渗漏造成的损失。低沸点的石油醚在萃取振荡时，容器内气体膨压增大引起的外冲现象尤应注意。

3. 调节溶液 pH 值时应注意滴加速度不能过快，且须不断摇动，以免局部酸化引起某些激素破坏，因而用缓冲液调节和维持 pH 较为安全。

4. 采用高效液相色谱法检测时，待测样品浓度应位于标准曲线内。

【思考题】

1. 为什么激素提取过程应在低温条件下快速进行?

2. 为什么在溶剂萃取时，pH 值要调节至酸性条件?

(李奕松)

实验二　植物激素(IAA、ABA、CTKs)的间接酶联免疫吸附测定

【实验目的】

酶联免疫吸附分析法(enzyme-linked immunosorbent assays，ELISA)是 20 世纪 70 年代初期由 Engvall 等人首先建立的，目前被广泛应用于医药研究及临床检测上。它应用于植物激素测定则是由 Weiler(1980)建立的 ELISA 开始的，比放射免疫分析(radio immunoassays，RIA)应用于植物激素的测定要晚。但是由于 ELISA 灵敏性、特异性高，且方便、快速、安全、成本低廉，而日益取代 RIA 被广泛应用于植物激素的测定，极大地促进了植物激素的研究进展。目前，几大类植物激素如 IAA、ABA、GAs、CTKs 等以及其他生长调节物质如玉米赤霉烯酮、壳孢菌素、茉莉酸等都建立了相应的 ELISA 方法。本实验主要介绍 IAA，ABA，ZR + Z，iPA + iP，DHZR + DHZ(后 3 种属于 CTKs)的间接 ELISA 方法。通过实验要求掌握间接 ELISA 的原理和方法。

【实验原理】

ELISA 是建立在两个重要的生物化学反应基础之上的，即①抗原抗体反应的高度专一性和敏感性；②酶的高效催化特性。ELISA 把这两者有机地结合在一起，即被分析物首先与其相应的抗体或抗原反应，然后再检测抗体或抗原上酶标记物的活性，从而达到定性或定量测定的目的。

ELISA 可分为两大类，即固相抗体型(直接法)和固相抗原型(间接法)。直接法是利用游离抗原和酶标抗原与吸附抗体的竞争性结合反应；间接法是利用游离抗原和吸附抗原与游离抗体的竞争性结合反应。本实验采用间接法进行测定，实验原理如图 4-2 所示。

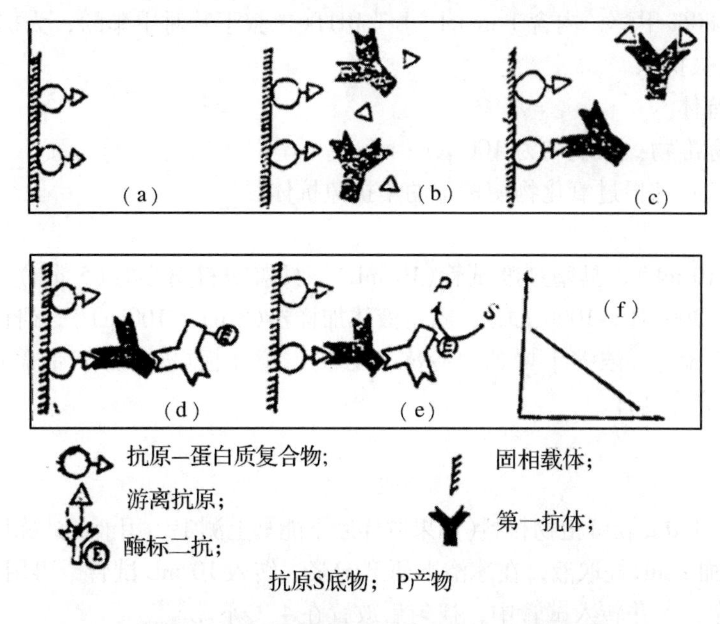

图 4-2　固相抗原型(间接法)ELISA 原理示意

(a)包被　(b)加样　(c)竞争　(d)二抗　(e)显色　(f)标准曲线

$$Ab + H + HP \leftrightarrows Ab \cdot H + Ab \cdot HP$$

反应式中，Ab 表示抗体，H 表示游离激素，HP 表示吸附在板上的激素—蛋白质复合物。

将激素抗原(HP)与固相载体连接，形成固相抗原。然后向 HP 中分别加入受检激素样品(H)和激素抗体(Ab)，HP 和 H 竞争结合 Ab，形成抗原抗体复合物 Ab · HP 和 Ab · H。经洗涤后，固相载体上只留下 Ab · HP。然后再加入 Ab 的酶标抗体(酶标二抗)，Ab · HP 与酶标抗体结合，从而使 Ab · HP 间接地标记上酶，洗涤后，加入酶的底物，显色，颜色深度与 Ab · HP量成正比，间接反映样本中受检激素 H 的量。

【实验条件】

1. 材料

各种新鲜植物材料。

2. 试剂

(1)包被缓冲液：称取 1.5 g Na_2CO_3，2.9 g $NaHCO_3$，0.2 g NaN_3，溶解定容至 1000 mL，pH 为 9.6。

(2)磷酸盐缓冲液(PBS)：称取 8.0 g NaCl，0.2 g KH_2PO_4，2.9 g $Na_2HPO_4 \cdot 12H_2O$，溶解定容至 1000 mL，pH 为 7.5。

(3)样品稀释液：100 mL PBS 中加 0.1 mL Tween-20，0.1 g 白明胶及 4 g PEG-6000。

(4)酶稀释缓冲液：100 mL PBS 中加 0.1 mL Tween-20，0.1 g 白明胶及 4 g PEG-6000。

(5)底物缓冲液：称取 5.10 g $C_6H_8O_7 \cdot H_2O$(柠檬酸)，18.43 g $Na_2HPO_4 \cdot 12H_2O$ 溶解定容至 1000 mL，再加 1 mL Tween-20。

(6)洗涤液：1000 mL 蒸馏水里溶解 20 ~ 30g NaCl，再加 1 mL Tween-20。

(7)终止液：3 mol · L^{-1} H_2SO_4。

(8)提取液：80% 甲醇，内含 1 $mmol \cdot L^{-1}$ BHT(二叔丁基对甲苯酚，为抗氧化剂)。

(9)各激素包被抗原。

(10)各激素抗体。

(11)各激素标准物：浓度均为 100 $\mu g \cdot mL^{-1}$。

(12)酶标二抗：辣根过氧化物酶标记的羊抗兔抗体。

3. 仪器用具

无刻度试管(10 mL)，具塞刻度试管(10 mL)，具盖塑料离心管(5 mL)，烧杯，可调液体加样器(20 μL，200 μL，1000 μL)，固定液体加样器(5 μL，100 μL)，研钵，真空泵，台式离心机，台式快速离心浓缩干燥器，冷冻离心机，酶标板(96 孔)，带盖瓷盘(内铺湿纱布)，酶联免疫分光光度计。

【方法步骤】

1. 样品提取

(1)称取 0.5～1.0 g 新鲜植物材料(如果取样后不能马上测定，用液氮速冻后保存在 -20 ℃的低温冰箱中)，加 2 mL 提取液，在冰浴下研磨匀浆，转入 10 mL 试管，再用 2 mL 提取液分次将研钵冲洗干净，一并转入试管中，摇匀后放置在 4 ℃下。

(2)在 4 ℃下提取 4 h，4000 rpm 离心 15 min，取上清液；沉淀中加 1 mL 提取液，搅匀，置于 4 ℃再提取 1 h，离心，合并上清液并记录体积，弃去残渣。

(3)将一定体积上清液转入 5 mL 塑料离心管(或烧杯)中，真空浓缩干燥或用氮气吹干，除去提取液中的甲醇，用样品稀释液定容，10 000 rpm 冷冻离心 10 min，除去沉淀，用于 ELISA 测定。

(4)如样品中存在酚类物质，干扰激素测定，可用 PVP(聚乙烯吡咯烷酮)除去。可溶性与不溶性 PVP 均可达到此目的，可溶性 PVP 可在研磨时加入。一般情况下，材料在加入 10～100 mg $PVP \cdot g^{-1}FW$ 后，都可以比较有效地排除干扰。如果仍有干扰存在，可在真空浓缩基本上将提取液完全干燥后，加适量 50% 甲醇溶解残留物，然后过 C_{18} 预处理小柱，滤出液蒸去甲醇，样品稀释液定容后，用于 ELISA 测定，一般可以得到较好的结果。

2. 样品测定

(1)包被：在 10 mL(用量根据各孔加样量乘以孔数计算确定，其他缓冲液和稀释液用量同)包被缓冲液中加入一定量的包被抗原(激素蛋白质复合物)，混匀(最适稀释倍数预先测定)后，在酶标板的每小孔中加 100 μL(酶标板可以先用蒸馏水冲洗数次)。然后，将酶标板放入铺有湿纱布的带盖搪瓷盘中，置于 4 ℃下过夜或 37 ℃下 2 h。

(2)洗板：将包被好的酶标板取出，放在室温下平衡。然后甩掉包被液，放置约 1 min，再甩掉洗涤液。重复 3 次后，将板内残留洗涤液在吸水纸上磕干。

(3)竞争：即加标准物、待测样和抗体。

①试剂配制及加样：标样及待测样，取样品稀释液 0.98 mL，加入 20 μL 激素的标准试剂(100 $\mu L \cdot mL^{-1}$)即为 2000 $ng \cdot mL^{-1}$ 标准液，然后再依次稀释为 1000 $ng \cdot mL^{-1}$，500 $ng \cdot mL^{-1}$，250 $ng \cdot mL^{-1}$，125 $ng \cdot mL^{-1}$，62.5 $ng \cdot mL^{-1}$，31.25 $ng \cdot mL^{-1}$，15.63 $ng \cdot mL^{-1}$，7.81 $ng \cdot mL^{-1}$，0 $ng \cdot mL^{-1}$。不同的激素可预先选择各自的最佳标准曲线范围(注：一般包括 0 $ng \cdot mL^{-1}$ 在内有 10 个浓度)。将系列溶液加入 96 孔酶标板的前三行 A～C 行的 2～11 孔

内，每个浓度加3孔，每孔50 μL，其余各孔加待测样，每个样品重复3次，每孔50 μL。

抗体：在5 mL样品稀释液中加入定量的抗体(预先测定稀释倍数)，混匀后，在酶标板的每孔加入抗体50 μL，然后将酶标板放入瓷盘开始竞争反应。

②竞争条件：IAA置于4 ℃下4 h或过夜；ABA，ZR + Z，iPA + iP，DHZR + DHZ置于28 ℃左右3 h。

(4)洗板：方法同包被之后的洗板，但是要注意两点：加洗涤液时一定要从标准曲线的低浓度一边向高浓度一边加，并且酶标板要向高浓度一边倾斜；第一次加入洗涤液后要立即甩掉，然后再加第二次。这两点操作是为了防止各孔的交叉反应。

(5)加二抗：将一定量的酶标抗体加入10 mL酶稀释缓冲液中(稀释倍数预先测定)，混匀后，在酶标板每孔加100 μl，放入瓷盘，37 ℃下温育。

(6)洗板：方法同竞争后洗板[步骤(4)]，洗5次。

(7)加底物显色：称取10～20 mg邻苯二胺(OPD)溶于10 mL底物缓冲液中(小心勿用手接触OPD，有毒)，完全溶解后加入2～4 μL 30% H_2O_2，混匀。每孔加100 μL(暗处操作)，然后放入瓷盘，当显色适当后(终止后0 ng·mL^{-1}孔波长490 nm处吸光度值为1.2～1.5，而本底即完全抑制孔不超过0.1～0.2)，每孔加入50 μL 3mol·L^{-1} H_2SO_4终止反应。

(8)比色：用完全抑制孔(即标准曲线最高浓度孔)调零，在酶联免疫分光光度计上依次测定标准物各浓度和各样品波长490 nm处的吸光度值。

【结果与分析】

用于ELISA结果计算最方便的是logit曲线。可以根据logit曲线求得样品中激素的浓度(ng·mL^{-1})，然后再计算激素的含量(ng·g^{-1}FW)。

曲线的横坐标用激素标样各浓度(ng·mL^{-1})的自然对数表示，纵坐标用各浓度显色值的logit值表示。logit的值计算方法如下：

$$\text{Logit}(B/B_0) = \ln\left(\frac{B/B_0}{1 - B/B_0}\right) = \ln[B/(B_0 - B)] \tag{4-2}$$

式中　B_0——10号孔显色值(激素浓度为0)；

　　B——不同浓度下的显色值。

作出的logit曲线在检测范围内应该是直线。待测样品根据其显色值，计算logit值后从图上查出其所含激素浓度的自然对数，经过反对数即可计算出植物中激素的浓度(ng·mL^{-1})。

求得样品中激素的浓度后，样品中激素的含量(ng·g^{-1}FW)可计算如下：

$$A = \frac{N \cdot V_2 \cdot V_3 \cdot n}{V_1 \cdot W} \tag{4-3}$$

式中　A——激素的含量(ng·g^{-1}FW)；

　　V_2——提取样品后，上清液的总体积(mL)；

　　V_1——进行真空浓缩干燥的上清液的体积(mL)；

　　V_3——真空浓缩后用样品稀释液定容的体积(mL)；

　　W——样品鲜重(g)；

　　N——样品中激素的浓度(ng·mL^{-1})；

　　n——稀释倍数(样品稀释液定容后的稀释倍数)。

【注意事项】

1. 在整个 ELISA 操作中，每次加样都一定要快。

2. 若同时做两块以上的板，应将洗好的板放在 4 ℃下，依次拿出加样。

3. 加样的环境温度不宜过高。

4. 不使用边缘孔时，每次加样后，也应在边缘孔内加入相应的溶液。

5. 在正式样品测定之前，先通过预备试验找出包被抗原、抗体、二抗的最适稀释倍数及标准物的最佳范围。

6. 抗原、抗体、二抗及标准物保存在 -20 ℃下，随用随拿，并尽量缩短时间。

【思考题】

1. 为什么要预先测定包被抗原、抗体、二抗的最适稀释倍数及标准物的最佳范围?

2. 实验操作中，为什么要快速加样?

（时翠平）

实验三　芽鞘伸长法测定生长素类物质含量

【实验目的】

生长素是最早发现的内源激素，它对植物生长有特定的生理作用。通过本实验，进一步了解生长素的生物学意义，并掌握生长素含量的生物测定方法。

【实验原理】

生长素能促进禾本科植物胚芽鞘的伸长。切去顶端的胚芽鞘切段，断绝了内源生长素的来源，其伸长在一定范围内与外加生长素浓度的对数呈线性关系。因此，可以用一系列已知浓度的生长素溶液培养芽鞘切段，绘制成生长素浓度与芽鞘伸长的关系曲线，以鉴定未知样品的生长素含量。

【实验条件】

1. 材料

成熟、饱满、大小一致的纯种小麦籽粒。

2. 试剂

(1)1% NaClO 溶液。

(2)含 2% 蔗糖的磷酸—柠檬酸缓冲液(pH 5.0)：称取 K_2HPO_4 1.794 g、柠檬酸 1.019 g 和蔗糖 20 g，溶于蒸馏水并定容至 1000 mL。

(3)10^{-3} $mol \cdot L^{-1}$ 吲哚乙酸(IAA)溶液：精确称取 IAA 17.5 mg，用上述含 2% 蔗糖的磷酸—柠檬酸缓冲液溶解并定容至 100 mL。

3. 仪器用具

恒温箱，带盖瓷盘，贴有毫米方格纸的玻璃板，培养皿(直径 7 cm)，细玻璃丝，移液管(10 mL，1 mL)，镊子，简易切割刀(用有机玻璃和两片双面刀片制成，两刀片间距约 6 mm)。

【方法步骤】

(1)精选小麦种子100粒，洗净并于1% NaClO溶液浸泡20 min，取出后用自来水和蒸馏水冲洗，腹沟朝下横排摆放于铺有滤纸的带盖瓷盘中。为了使胚芽鞘基部无弯曲，需将瓷盘斜放呈40°~45°，使胚倾斜向下，盘中加水并加盖置25 ℃暗室中培养72 h，暗室以绿色灯泡照明。

(2)待胚芽鞘长度约25～35 mm时，精选长度一致的幼苗50株，用镊子从基部取下芽鞘，再用简易切割刀在贴有毫米方格纸的玻璃板上切去芽鞘顶端3 mm，再向下切取1 cm的切段50个，立即放入含2%蔗糖的磷酸—柠檬酸缓冲液(pH 5.0)中浸泡1～2 h，去除内源生长素。

(3)取洗净烘干的培养皿5套并编号。在各皿内加入蔗糖磷酸缓冲液(pH 5.0)9 mL，然后在1号皿中加10^{-3} mol·L^{-1}IAA 1mL，摇匀，即成10^{-4}mol·L^{-1} IAA溶液；再从1号皿中吸取1mL溶液加入2号皿，摇匀，即成10^{-5}mol·L^{-1} IAA溶液；依次操作到4号皿，配成10^{-7}mol·L^{-1} IAA溶液，并从4号皿中吸出1 mL弃去。5号皿不加IAA作为对照。

(4)从缓冲液中取出胚芽鞘切段，用滤纸轻轻吸去表面水分，然后将切段套在玻璃丝上(勿损伤芽鞘)。同一根玻璃丝可穿2～3段芽鞘，切段间应留下生长的空隙。套好后置培养皿中，每一皿中放入10段芽鞘，加盖，置25 ℃暗室中培养。同样，暗室以绿色灯泡照明。

(5)培养24 h后，取出芽鞘，吸去表面水分，在毫米方格纸上或借助于双目解剖镜测量其长度，并求出每种处理的平均长度。

【结果与分析】

(1)以不同处理中芽鞘切段的平均长度(L)与对照芽鞘长度(L_0)之比(L/L_0)为纵坐标，IAA浓度的负对数为横坐标制作标准曲线。

(2)对于未知浓度的生长素提取液或其他类似物溶液，均可按上述方法求L/L_0，查标准曲线即可求得其浓度。

【注意事项】

若有摇床设备，可不必用玻璃丝，而将芽鞘直接放入培养皿或三角瓶中置摇床上缓慢摇动使芽鞘经常滚动，可避免弯曲。

【思考题】

1. 为什么要用缓冲液来配制IAA系列溶液？
2. 取芽鞘切段时，为什么要切去顶端3 mm，而用其下的1 cm作为实验材料？
3. 整个实验操作过程中，为什么要在暗室绿光下进行？
4. 将芽鞘切段套在玻璃丝上目的是什么？

（王文斌）

实验四　赤霉素对 α-淀粉酶的诱导作用

【实验目的】

通过实验深入了解赤霉素在种子萌发过程中的调控作用，掌握测定 α-淀粉酶活性的一种简单方法。

【实验原理】

种子萌发过程中贮藏物质的降解，需要在一系列酶的催化作用下才能进行。这些酶有的已经存在于干燥种子中，有的需要在种子吸水后重新合成。种子萌发过程中淀粉的分解主要是在淀粉酶的催化下完成的。淀粉酶在植物中存在多种形式，包括 α-淀粉酶、β-淀粉酶等。β-淀粉酶已经存在于干燥种子中，而 α-淀粉酶不存在或很少存在于干燥种子中，需要在种子吸水后重新合成。实验证明，启动 α-淀粉酶合成的化学信号是赤霉素。萌发的禾本科植物种子的胚产生赤霉素扩散到胚乳的糊粉层中，刺激糊粉层细胞内 α-淀粉酶的合成。合成的 α-淀粉酶进入胚乳，将胚乳内贮藏的淀粉水解成还原糖。因此，自然条件下如果没有胚所释放的赤霉素进入胚乳，α-淀粉酶就不能合成。外加赤霉素可以代替胚的释放作用，从而诱导 α-淀粉酶的合成。这个极其专一的反应被用来作为赤霉素的生物鉴定法。在一定范围内，由去胚的吸胀大麦粒所产生的还原糖量，与外加赤霉素浓度的对数成正比。根据淀粉遇 I_2-KI 反应呈蓝色，而淀粉分解的产物还原糖不能与 I_2-KI 显色的原理，可以定性和定量地分析 α-淀粉酶的活性。

【实验条件】

1. 材料

大麦或小麦等禾本科植物种子。

2. 试剂及配制

(1)1% 次氯酸钠溶液：称取 1 g 次氯酸钠粉末溶解于 100 mL 水中。

(2)0.1% 淀粉磷酸盐溶液：取可溶性淀粉 1 g 加蒸馏水 50 mL，沸水浴至淀粉完全溶解后，再加入 8.16 g KH_2PO_4，待其溶解后用蒸馏水定容至 1000 mL。

(3)2×10^{-5} mol · L^{-1} 赤霉素溶液：称取 6.8 mg 的 GA_3 溶于少量 95% 乙醇中，使其溶解，移入 1000 mL 容量瓶中，加水定容至 1000 mL。

(4)10^{-3} mol · L^{-1} 醋酸缓冲液：10^{-3} mol · L^{-1} NaAc 溶液 590 mL 与 10^{-3} mol · L^{-1} 醋酸溶液 410 mL 混合后，加入 1 g 链霉素，摇匀。

(5)I_2-KI 溶液：取 0.6 g KI 和 0.06 g I_2 分别用少量 0.05 mol · L^{-1} HCl 溶解后混合，用 0.05 mol · L^{-1} HCl 定容至 1000 mL。

3. 仪器用具

分光光度计，恒温箱，水浴锅，刀片，移液管，烧杯，青霉素小瓶，镊子，试管等。

【方法步骤】

(1)取样：选取成熟、饱满、大小一致的大麦或小麦种子 100 粒，用刀片将每粒种子横切成有胚和无胚的半粒，分装于 2 个烧杯中备用。

(2)表面消毒：向 2 个烧杯中加入 1% 次氯酸钠溶液，以浸没种子为度。消毒 15 min 后，用无菌水冲洗 3 次。在无菌条件下，吸胀 48 h 备用。

(3)将 2×10^{-5} mol · L^{-1} GA_3稀释成 2×10^{-6} mol · L^{-1}、2×10^{-7} mol · L^{-1}和 2×10^{-8} mol · L^{-1} 3 种浓度的赤霉素溶液；将 1×10^{-3} mol · L^{-1}的醋酸缓冲液稀释 1 倍。

(4)处理浓度：将 6 只青霉素小瓶编号后，按表 4-1 加入溶液和材料。溶液混匀后，1~6 号小瓶中赤霉素的最终浓度分别为：0、2×10^{-8} mol · L^{-1}、2×10^{-7} mol · L^{-1}、2×10^{-6} mol · L^{-1} 和 2×10^{-5} mol · L^{-1}。将青霉素小瓶置于恒温振荡器中于 25 ℃下振荡培养 24 h。

表 4-1　GA_3处理浓度及方法

青霉素小瓶编号	赤霉素溶液		醋酸缓冲液 (mL)	实验材料
	浓度(mol · L^{-1})	体积(mL)		
1	0	1	1	20 个无胚半粒
2	0	1	1	20 个有胚半粒
3	2×10^{-8}	1	1	20 个无胚半粒
4	2×10^{-7}	1	1	20 个无胚半粒
5	2×10^{-6}	1	1	20 个无胚半粒
6	2×10^{-5}	1	1	20 个无胚半粒

(5)淀粉酶活力分析

①取 6 支试管编号，向各试管中加入 1 mL 0. 1% 淀粉溶液，再从震荡培养后的小瓶中吸取 0. 2 mL 培养上清液加入到对应编号的试管中摇匀。

②将试管置于 30 ℃恒温水浴中准确保温 10 min(保温时间最好经预备试验确定，以吸光度值达 0. 4~0. 6 的反应时间为宜)。

③向各试管滴加 2 mL 的 I_2-KI 溶液，用蒸馏水稀释至 5 mL，充分摇匀。以蒸馏水做空白调零，于波长 580 nm 处测定吸光度值。

(6)结果：以淀粉浓度为横坐标，吸光度值为纵坐标绘制标准曲线，或直接计算直线回归方程。

【结果与分析】

根据吸光度值从标准曲线上查得或使用直线回归方程计算出各处理中淀粉含量。第 1 瓶为淀粉的原始量(X)，第 2 瓶为带胚半粒种子反应后淀粉的剩余量(Y)，第 3~6 瓶为无胚半粒种子加入不同浓度赤霉素溶液反应后淀粉的剩余量(Y)。

$$\text{被水解淀粉的含量}(\%) = [(X-Y)/X] \times 100\% \qquad (4\text{-}2)$$

以被水解的淀粉量衡量淀粉酶活性大小，绘制赤霉素浓度与淀粉酶关系曲线，并解释实验结果。

【注意事项】

将小瓶放入恒温箱时，假如无振荡器，应经常摇动。

【思考题】

1. 实验中为何要用 1 % 次氯酸钠溶液处理小麦种子？为何要在醋酸缓冲液中加入链霉素？

2. 本实验为何要将小麦种子分成有胚和无胚的半粒？

3. 除了本实验中的方法外，是否还有其他方法可以用来测定 α-淀粉酶活性？

4. 为何 1 号和 2 号瓶中都没有加入赤霉素溶液，但反应完后两者溶液的吸光度值却不同？

5. 试比较各号瓶内被分解的淀粉量，分析不同浓度的赤霉素对 α-淀粉酶形成的诱导作用？

（谢寅峰）

实验五　萘乙酸对植物根、茎生长的影响

【实验目的】

本实验观察不同浓度的萘乙酸在种子萌发过程中对植物不同器官生长的影响，了解萘乙酸对根茎的最适浓度范围。

【实验原理】

生长素及人工合成的类似物质如萘乙酸（NAA）等对植物生长有很大影响，但浓度不同时作用不同。一般来说，低浓度时表现促进效应，高浓度时起抑制作用；根对生长素较芽敏感，促进根生长的最适浓度比芽要低些。本实验就是根据这一原理来观测不同浓度的萘乙酸对植物不同部位生长的促进和抑制作用。

【实验条件】

1. 材料

萌动的绿豆、小麦种子等。

2. 试剂

（1）10 mg · L^{-1}萘乙酸溶液配制：准确称取萘乙酸 10 mg，置小烧杯中，先加少量 95% 乙醇溶解，再用蒸馏水稀释，定容至 1000 mL，即成 10 mg · L^{-1}萘乙酸溶液。

（2）0. 1% 升汞溶液配制：0. 1g $HgCl_2$溶于水中，定容至 100 mL。

3. 仪器用具

恒温箱，培养皿，移液管，滤纸，尖头镊子，记号笔，直尺等。

【方法步骤】

（1）取绿豆或小麦种子，用 0. 1% 升汞消毒 10 min，50 ℃浸种，水温降至室温后继续浸泡 2 h 使种子吸涨，然后将种子放入瓷盘中，盖上湿纱布，25 ℃温箱中萌发。24 h 后挑选萌发一致的绿豆或小麦，用于以下处理。

（2）取 6 个培养皿，洗净烘干，用记号笔编号，在 1 号培养皿中加入已配好的 10 mg ·

L^{-1}萘乙酸溶液10 mL，在2~7号培养皿中各加入9 mL蒸馏水。然后从1号培养皿中用移液管吸出1 mL 10 mg·L^{-1}萘乙酸注入2皿中，充分混匀后，即成1 mg·L^{-1}。再从2号皿中吸出1 mL注入3号皿，混匀即成0.1 mg·L^{-1}。如此继续稀释至6号皿，即成10 mg·L^{-1}、1 mg·L^{-1}、0.1 mg·L^{-1}、0.01 mg·L^{-1}、0.001 mg·L^{-1}、0.000 1 mg·L^{-1}6种浓度的萘乙酸溶液，最后从6号皿中吸出1 mL弃去。7号皿中不加萘乙酸作对照。

(3)在上述装有不同浓度萘乙酸溶液的每一培养皿中放一张滤纸，在滤纸上沿培养皿周围整齐地播入已经萌动的10粒种子，使种子胚一律朝向培养皿的中心。加盖后将培养皿放入20~25 ℃温箱中，36~48 h后，观察绿豆的生长情况，分别测定不同处理中各绿豆苗的根数，平均每条根长及茎长。确定NAA对根、茎生长具有促进作用或抑制作用的浓度。

【结果与分析】

将结果记录于表4-2中，并对其加以分析。

表4-2　萘乙酸处理结果汇总表

项　目	蒸馏水对照	萘乙酸浓度(mg·L^{-1})					
		10	1	0.1	0.01	0.001	0.000 1
下胚轴长(cm)							
主根长(cm)							
侧根数(条)							

【注意事项】

1. 第6号皿中吸出1 mL弃去，保持培养皿内溶液体积相等，均为9 mL。

2. 用于各种处理时，尽量选取萌动状况一致的种子。

【思考题】

1. 指出哪一个浓度最适宜下胚轴的生长？哪一个浓度最适合根的生长？说明各种浓度对根、茎生长的不同影响？

2. 为什么高浓度的生长素会抑制植物的生长？在生产应用中应如何避免生长素的这种不利效应？

3. 为什么很低浓度的激素就会对生理过程表现出显著的效应？

（谢寅峰）

实验六　吲哚乙酸氧化酶活性的测定

【实验目的】

植物体内生长素的种类很多，其中吲哚乙酸(IAA)是植物体内普遍存在的一种生长素。植物体内IAA的含量，对于植物的生长、发育、衰老、脱落等均有重要意义。植物体内存在吲哚乙酸氧化酶，吲哚乙酸氧化酶氧化 IAA 使其失去活性，从而调节体内 IAA 的水平，影响植物的生长。掌握吲哚乙酸氧化酶的测定分析方法对于了解和掌握植物体内 IAA 生理功能具有重要意义。

【实验原理】

吲哚乙酸氧化酶活性的大小可以用其破坏吲哚乙酸的速度表示。反应体系中加入定量的吲哚乙酸，吲哚乙酸在吲哚乙酸氧化酶作用下，形成吲哚醛，使体系中吲哚乙酸含量减少，剩余的吲哚乙酸在无机酸存在下与 $FeCl_3$ 作用生成红色螯合物，可用比色法测定，根据空白与酶液中吲哚乙酸含量的差值，即可计算出吲哚乙酸氧化酶活性的大小。

【实验条件】

1. 材料

大豆或绿豆幼苗的下胚轴。

2. 试剂

(1)20 mmol · L^{-1} pH 6.0 磷酸缓冲液：配制方法见附录4。

(2)1 mmol · L^{-1} 2,4-二氯酚：称取 16.3 mg 2,4-二氯酚用蒸馏水溶解并定容至 100 mL。

(3)1 mmol · L^{-1} 氯化锰：称取 19.8 mg $MnCl_2 \cdot 4H_2O$ 用蒸馏水溶解并定容至 100 mL。

(4)1 mmol · L^{-1} 吲哚乙酸：称取 17.5 mg IAA 用少量乙醇溶解，然后将其倒入盛有约 90 mL蒸馏水的容量瓶中(100 mL)，定容至刻度。

(5)吲哚乙酸试剂 A 或 B(任备其中之一)：

试剂 A：15 mL 0.5mol · L^{-1} $FeCl_3$，300 mL 浓硫酸(比重为1.84)，500 mL 蒸馏水，使用前混合即成，避光保存。使用时于 1 mL 样品中加入试剂 A 4 mL。

试剂 B：10 mL 0.5mol · L^{-1} $FeCl_3$，500 mL 35%过氯酸，使用前混合即成，避光保存。用时于 1 mL 样品中加入试剂 B 2 mL。试剂 B 较试剂 A 灵敏。

3. 仪器用具

分光光度计，离心机，恒温水浴锅，天平，研钵，试管 12 支，移液管(5 mL 2 支、2 mL 2 支、1 mL 4 支)，烧杯 1 个。

【方法步骤】

1. 吲哚乙酸氧化酶的制备

(1)将大豆或绿豆种子于 30 ℃温箱中暗中萌发 3~4 天，选取生长一致的幼苗，除去子叶和根，留下胚轴作材料。

(2)取 1~2 根下胚轴，称重，置研钵中，加入预冷的磷酸缓冲液(pH 6.0)5 mL，石英砂少许，置冰浴中研磨成匀浆。再按每 100 mg 鲜重材料加入 1 mL 提取液的比例，用磷酸缓冲液稀释匀浆液。离心(4000 rpm)20 min，所得上清液即为粗酶液。

2. 吲哚乙酸氧化酶的活性测定

(1)取 2 支试管并编号，于 1 号试管中加 1 mL $MnCl_2$、1 mL 2,4-二氯酚、2 mL 200 μg · mL^{-1} IAA、1 mL 酶液和 5 mL 磷酸缓冲液，混合均匀；2 号试管中，除酶液用 1 mL 磷酸缓冲液代替外，其余成分相同。将 2 支试管置于 25 ℃恒温水浴中保温 30 min。

(2)30 min 后，另取 2 支试管并分别编号 1′和 2′，先于每支试管中加入 4 mL 试剂 B，然后分别取(1)中反应混合液各 2 mL 加入到有试剂 B 的相应标记的试管中，小心地混匀，于 40 ℃温箱中保温 30 min，使反应混合液呈红色。

(3)于波长 530 nm 处测定吸光度值，根据吸光度值从标准曲线上查出相应的 IAA 浓度或从直线方程计算反应液中 IAA 的残留量。

(4)用对照管中吲哚乙酸的量减去实验管中吲哚乙酸的残留量，即得被酶分解的吲哚乙酸的量。

3. 标准曲线的制作

(1)准确称取 10 mg IAA，先用少量乙醇溶解，然后用蒸馏水定容至 100 mL，再取该液 40 mL 稀释至 100 mL，即得 40 μg · mL^{-1}IAA 标准溶液。

(2)取 9 只试管，按表 4-3 编号并加入各试剂，摇匀，在 35 ℃温箱中保温 30 min，取反应液测定波长 530 nm 处的吸光度值。

(3)以上 IAA 浓度为横坐标，吸光度值为纵坐标，绘出标准曲线或直接计算直线回归方程。

表 4-3　制作 IAA 标准曲线需加的试剂

试 剂	试管号								
	空白	1	2	3	4	5	6	7	8
IAA 浓度(mg · mL^{-1})	0	5	10	15	20	25	30	35	40
IAA 标准液(mL)	0	0. 25	0. 5	0. 75	1	1. 25	1. 5	1. 75	2
蒸馏水(mL)	2	1. 75	1. 5	1. 25	1	0. 75	0. 5	0. 25	0
$FeCl_3$ 试剂 (mL)	4	4	4	4	4	4	4	4	4
吸光度值									

【结果与分析】

以 1mL 酶液在 1h 内氧化的吲哚乙酸量(mg)表示酶活力大小。

$$吲哚乙酸氧化酶活性(\mu g\ IAA \cdot g^{-1}\ FW \cdot h^{-1}) = \frac{(C_1 - C_2) \times V \times V_T}{W \times t \times V_I} \quad (4\text{-}4)$$

式中　C_1——对照管在标准曲线上查得 IAA(μg)；

C_2——测定管在标准曲线上查得 IAA(μg)；

V_T——酶液稀释后总体积(mL)；

V_I——酶液反应时用体积(mL)；

V——(1)、(2)所得反应混合液体积(mL)；

W——样品鲜重(g)；

t——酶反应时间(h)。

【注意事项】

吲哚乙酸见光易分解，故实验过程应尽量避光。

【思考题】

1. 本实验步骤 1 中为何取材时去除子叶与胚根，留取下胚轴?

2. 本实验设一对照组，用意何在？

3. IAA氧化酶在植物的生长发育过程中起着什么作用？为何在生产实践中一般不用IAA，而用NAA或2,4-D等植物生长调节剂？

（史树德）

实验七　鲜切花的保鲜

【实验目的】

通过实验了解鲜切花保鲜的原理，掌握延缓鲜切花衰老的方法，从而延长瓶插时间，提高观赏效果。

【实验原理】

切花指切离植株母体的花、花序或带花的枝条。由于营养源被切断和机械损伤等原因，促进了乙烯的合成，使衰老过程加速，导致切花比在植株上生长的花衰老的更快，影响其观赏价值。银离子是乙烯生成的抑制剂，可阻止与乙烯合成有关的酶的合成，也可阻止切花中脱落酸含量的增加，可延缓切花的衰老。

【实验条件】

1. 材料

香石竹。

2. 试剂

(1)2 mmol · L^{-1}硝酸银与8 mmol · L^{-1}的硫代硫酸钠等体积混合，即得1 mmol · L^{-1}的硫代硫酸银(STS)溶液。

(2)300 mg · L^{-1}的8-羟基喹啉柠檬酸盐—蔗糖溶液：称取75 mg 8-羟基喹啉柠檬酸盐，溶于250 mL 2%的蔗糖溶液中。

3. 仪器用具

刻度试管，剪刀，直尺，吸管，标签纸，罐头瓶。

【实验步骤】

(1)挑选开花一致的香石竹切花18支，花枝保留30 cm长，下端切口成45°。剪切工作在水中进行。

(2)将材料分成两组，一组插入蒸馏水中，另一组插入到STS溶液中，分别浸泡30 min。

(3)30 min后，将材料取出，用自来水冲洗掉表面的保鲜剂，并分别插入到装有8-羟基喹啉柠檬酸盐的蔗糖溶液的试管中，并加该溶液至20 mL刻度处。

(4)每日观察切花的颜色，测定花朵的平均直径，并同时记录每日切花的耗水量。每日观察结束后，用8-羟基喹啉柠檬酸盐的蔗糖溶液将试管的溶液补足到原来刻度(20 mL)。观察到过半切花开始萎蔫为止。

【结果与分析】

(1)将各处理的切花直径大小、耗水量大小与观测时间作图。

(2)比较处理过的切花与未处理的切花直径大小和吸水量的变化。

(3)分析各处理的衰老速率。

(4)分析花瓣颜色变化与衰老的关系。

【注意事项】

1. 材料选取要一致，剪切时要在水中进行，以防空气进入花茎的输导组织。

2. 观察时间要一致。

3. STS 处理后要回收溶液并做无害化处理，以免污染环境。

【思考题】

1. 吸水量的变化趋势与哪些环境因素有关?

2. 切花摆放时为什么花瓣会变色?

3. 加入柠檬酸的目的是什么?

（胡小龙）

实验八　植物细胞 Ca^{2+} 分析

【实验目的】

钙离子不仅是植物生长发育所必需的矿质元素，而且在植物的信号传导中起重要作用。钙离子作为一种第二信使把外源信号(激素、光、重力、温度等) 转变成胞内信号，导致一系列胞内事件的发生。大量的研究表明，Ca^{2+} 的信使功能是通过调控细胞内游离 Ca^{2+} 浓度来实现的。Ca^{2+} 信号的产生和终止是细胞内 Ca^{2+} 增减、波动的结果。因此测定细胞溶质中的 Ca^{2+} 浓度及定位是十分重要的。通过实验要求掌握 Ca^{2+} 浓度测定及细胞定位的原理和方法，学会使用荧光分光光度计、倒置荧光显微镜、激光共聚焦扫描显微镜、投射电子显微镜等相关仪器。

8.1　植物细胞 Ca^{2+} 浓度测定

从理论上讲，测定细胞内 Ca^{2+} 浓度的方法应符合如下要求：首先，所使用的 Ca^{2+} 指示剂必须对 Ca^{2+} 有很强的专一性；其次，灵敏度高，能够测定低浓度的 Ca^{2+}；第三，对 Ca^{2+} 水平改变的反应必须比细胞内 Ca^{2+} 信号引起的相关生理反应快；第四，不会破坏细胞内的正常生理生化过程。Ca^{2+} 测定方法有金属铬指示剂法、偶氮胂指示剂法、微电极法、荧光蛋白指示剂法以及钙荧光指示剂法等。下面主要介绍两种常用的方法：荧光蛋白指示剂法和钙荧光指示剂法。

8.1.1　荧光蛋白指示剂法

【实验原理】

在 20 世纪 60 年代初，Shimomura 等从多管水母属（A equoria victoria）中分离出一种钙水母荧光蛋白，该蛋白与 Ca^{2+} 结合后，辅基被氧化并发出蓝光。这种蛋白对生物体内 Ca^{2+} 的微量变化很灵敏，在 0.1 ~ 10 μmol · L^{-1} 范围内，荧光强度与 Ca^{2+} 浓度成正比。这种蛋白的优点是：①发光不需要外加任何底物或辅助因子，仅以蓝色或紫外光照射就能激发其荧光；②检测方便，钙水母荧光蛋白发射的荧光很强，且很稳定，用肉眼或荧光显微镜就可以检测到；③无毒性，不会影响细胞的正常生长发育；④它是一种高负电性蛋白，没有区域化现象，也不会渗出细胞。缺点是：相对分子质量大，必须采用微注射法进入细胞，只能用于大型细胞，而且发光高峰发生迟缓，比相应生理过程要慢。目前采用基因工程的方法，改变钙水母荧光蛋白的光谱性质和灵敏度，并将克隆的钙水母荧光蛋白基因导入烟草等植物细胞，并在其中表达，不仅成功解决了人工注射的困难和对细胞的伤害问题，还可进行植物整株各部分细胞 Ca^{2+} 测定，而且也可以更加准确地定性、定量测定细胞内 Ca^{2+} 浓度。

【实验条件】

1. 材料

拟南芥 Col-0 生态型，水母发光蛋白载体 pMAQ2，农杆菌 GV3101。

2. 试剂

2.5 μmol · L^{-1} 腔肠素，1/2MS 培养基，2 mol · L^{-1} $CaCl_2$，水母发光蛋白引物：5′-ATGACCAGCGAACAATACTCAGT-3′和 5′-TTAGGGGACAGCTCCACCGTAGA-3′，20% 乙醇，液氮，卡那霉素。

3. 仪器用具

化学发光光度计，透明离心机，100 μL 离心管，培养皿等。

【方法步骤】

1. 拟南芥的转化和筛选

利用液氮冻融法将水母发光蛋白载体 pMAQ2 转入农杆菌 GV3101 中，通过 Floraldip 方法转化生长 4 周左右的拟南芥。将 F_1 代种子于卡那霉素平板上筛选得到潜在转基因拟南芥，通过 PCR 方法对转基因植物进行鉴定。

2. 水母发光蛋白的重组

由于转入拟南芥中的水母发光蛋白是脱辅基水母发光蛋白，因此，要形成具备功能的水母发光蛋白还必须孵育该蛋白的辅基腔肠素。将生长 7 ~ 8 d 的拟南芥幼苗放入蒸馏水中，加入腔肠素母液，使其终浓度达到 2.5 μmol · L^{-1}，室温避光孵育 16 ~ 20 h。

3. Ca^{2+} 浓度的测定

将孵育过腔肠素的拟南芥幼苗放入盛有 100 μL 室温水的透明离心管中，室温静置 1 ~ 2 min 后将离心管放入化学发光光度计中，记录静息态发光数值(间隔 0.2 s 记录一次)。记录 20 s 后，迅速加入 0.6 mL 0 ℃的冷水，继续记录其发光值。记录 50 s 后加入 0.6 mL 2 mol · L^{-1} $CaCl_2$ 和 20% 乙醇的混合物，记录剩余发光值。每个实验保证记录和处理条件一致。按照式(4-5)计算 Ca^{2+} 浓度的变化。

$$p(Ca) = 0.33(-\log k) + 5.56 \quad (4\text{-}5)$$

式中　k——速率常数，其大小等于每秒记录的发光数值除以细胞内残存水母发光蛋白的发光总值。

【结果与分析】

为检测冷胁迫条件下细胞内 Ca^{2+} 浓度的变化，通过农杆菌介导的转化方法将编码水母发光蛋白的载体 pMAQ2 转入拟南芥中，从而获得表达水母发光蛋白的拟南芥。为验证水母发光蛋白基因是否转入植物体内，设计了水母发光蛋白特异的引物对转化筛选出的拟南芥进行 PCR 扩增。转化水母发光蛋白基因的拟南芥可以扩增出条带，而野生型拟南芥不能扩增出相应的条带，从而证明水母发光蛋白基因已被转入拟南芥中。利用筛选出的这些转基因植物就可以测定细胞中 Ca^{2+} 浓度的变化，实现细胞内 Ca^{2+} 浓度变化的实时监控。

水母发光蛋白一旦和 Ca^{2+} 反应即丧失发光功能，因此，当一部分水母发光蛋白与 Ca^{2+} 反应时，被消耗的水母发光蛋白的发光强度能反映出 Ca^{2+} 浓度变化，而且被消耗的水母发光蛋白的发光强度与 Ca^{2+} 浓度之间存在一种线性关系。因此，测量水母发光蛋白的发光总值后可以根据公式计算出 Ca^{2+} 的浓度。

【注意事项】

1. 转入拟南芥中的水母发光蛋白是脱辅基水母发光蛋白，因此要形成具备功能的水母发光蛋白还必须孵育该蛋白的辅基腔肠素。

2. 转化水母发光蛋白基因的拟南芥可以扩增出条带，而野生型拟南芥不能扩增出相应的条带，从而证明水母发光蛋白基因已被转入拟南芥中。

【思考题】

1. 本实验中 Ca^{2+} 浓度测定的原理是什么？
2. 如何证明水母发光蛋白基因已被转入拟南芥中？
3. 本实验应如何避免误差？

8.1.2　钙荧光指示剂法

【实验原理】

钙荧光指示剂法是目前应用最广泛、也是较好的测定胞内 Ca^{2+} 浓度的方法。这种荧光指示剂对 Ca^{2+} 有高度选择性和高亲和力，能够检测低浓度的 Ca^{2+}，并且应答迅速。根据激发或发射光谱的特征，可将它们分成单波长荧光指示剂和双波长荧光指示剂。1982 年，加利福尼亚大学的 Tsien 等合成了第 1 代 Ca^{2+} 荧光指示剂，包括 Quin21、Quin22、Quin23。其中 Quin22 的准确度较高，对钙的亲和力较高，适于静态细胞钙的测定，但具有对温度敏感、激发波长较短、光稳定性差及离子选择性差等缺点，并且所需的 Quin22 浓度较高，要达到 0.5 $mmol \cdot L^{-1}$ 才能高出背景荧光。1985 年，第 2 代钙荧光指示剂出现，包括 Fura21、Fura22、Fura23、Indo21，其中 Fura22 效果最好。Fura22 是典型的双激发荧光指示剂，与 Ca^{2+} 结合后导致荧光光谱移动，当被 Ca^{2+} 饱和后，340 nm 处激发荧光强度上升 3 倍，而 380 nm 处激发荧光强度下降 10 倍，340～380 nm 的荧光强度比值能够更好的反映 Ca^{2+} 浓度，故准确度较高。与 Quin22 相比，Fura22 分子中的呋喃环和噁唑环提高了它的离子选择性和荧光强度。Indo21 也是典型的双发射荧光指示剂，具有 Fura22 的优点，不同的是 350 nm 激发后的发射峰由游离态时的 485 nm 移至饱和态时的 410 nm，410～480 nm 的荧光比值与 Ca^{2+} 浓度呈正比。第 3 代钙荧光试剂 Fluo23，是典型的单波长指示剂，它的最大吸收波峰位于 506 nm，最大发射波长为 526 nm，可以在远离 340~380 nm 波长范围内测得荧光。Fluo23 结合 Ca^{2+} 后的荧光强度比游离态的高出 35~40 倍，从而避免了透镜吸收和细胞自身的荧光干扰。Fluo23 是一种长波指示剂，可作为激光共聚焦成像研究以及与其他类型荧光指示剂结合作双标记研究。由于 Fluo23 的激发波长位于可见光区，光源易找到，价格便宜，对 Ca^{2+} 反应灵敏，目前受到广泛的应用。

【实验条件】

1. 材料

各种植物样品。

2. 试剂

(1) 1 $mol \cdot L^{-1}$ Indo－1/AM：用 DMSO 配制，分装后置－70 ℃保存。

(2) 0.2 $mol \cdot L^{-1}$ EGTA：用超纯水配制，用 3 $mol \cdot L^{-1}$ Tris 调整 pH 至 8.5。

(3) 1 $g \cdot L^{-1}$ PHA：用 Hank's 液配制，分装后置－70 ℃保存。

(4) 无钙 HEPES 缓冲液，pH 7.5~8.0。

3. 仪器用具

荧光分光光度计，显微荧光光度计，激光共聚焦扫描显微镜。设定为激发光波长355 nm，光栅 5 nm；发射光波长分别为 398 nm 和 482 nm，光栅 10 nm。

【方法步骤】

使用荧光剂测定细胞内 Ca^{2+} 的过程一般包括荧光剂负载、荧光强度测定和离子浓度计算 3 个步骤。

1. 荧光剂负载

目前，常用以下方法将荧光指示剂导入植物细胞。

(1) 电击法：电击法是用高强度的电脉冲，引起细胞自修复性穿孔，将游离态的 Ca^{2+} 荧光指示剂导入细胞原生质体。此方法最适于细胞悬液，但会对细胞造成暂时性的伤害。

(2) 显微注射法：显微注射法包括离子微电泳注射和压力注射两种。离子微电泳注射适合于带电荷低相对分子质量指示剂的导入；压力注射适合于中性或在电场下不移动的荧光指示剂。

(3) 酸导入法：此法利用酸性条件下，指示剂处于不带电荷的非解离状态，有可能通过细胞膜进入细胞内，由于细胞质中 pH 值较高，指示剂发生解离，与细胞质中的 Ca^{2+} 结合。此法对细胞无害，适于植物细胞。

2. 荧光强度的测定

目前常用荧光分光光度计、显微荧光光度计、激光共聚焦扫描显微镜等测定荧光强度。测定过程中指示剂区域化、荧光衰减或光漂白、酯不完全水解、淬灭剂的干扰以及细胞荧光自身干扰等因素都会影响荧光指示剂测量结果。

3. 离子浓度的计算

对于单波长激发或发射的荧光指示剂，可按式(4-6)计算：

$$[Ca^{2+}] = K_d(F - F_{min})/(F_{max} - F) \tag{4-6}$$

式中 K_d——荧光剂与 Ca^{2+} 形成配合物的解离常数；

F_{min}，F_{max}——分别为最小荧光强度和最大荧光强度。

测定时的校正方法：测量最大值时，用一种 Ca^{2+} 载体(如 A23187）使胞内 Ca^{2+} 饱和；测量最小值时，用荧光指示剂的淬灭剂 Mn^{2+} 淬灭荧光来求得最小值。

对于双波长的荧光指示剂，用比值信号来求胞内游离 Ca^{2+} 浓度，不必校正。用式(4-7)计算细胞内游离 Ca^{2+} 浓度

$$[Ca^{2+}] = K_d(F_d/F_s)(R - R_{min})/(R_{max} - R) \tag{4-7}$$

式中　K_d——荧光剂与 Ca^{2+} 形成配合物的解离常数；

F_d，F_s——分别表示荧光剂没有结合 Ca^{2+} 和被 Ca^{2+} 饱和时在 340 ~ 380 nm（对于 Fura-2）处的荧光强度；

R——实验观察到的荧光比值；

R_{min}——胞内荧光剂最小量结合 Ca^{2+} 时的荧光比值；

R_{max}——胞内荧光剂被 Ca^{2+} 饱和时的荧光比值。

R_{min}，R_{max} 可通过实验测定。

【注意事项】

1. 测定时应尽量减少对细胞的损伤。

2. 指示剂浓度及负载条件应严格控制。

3. 洗涤后细胞应在 30 min 内检测完毕，否则易造成指示剂泄漏使检测结果上移。

4. 在测定溶液中应尽量防止出现细胞团块及沉淀，以免荧光强度值不稳定，影响测定结果。

【思考题】

1. 本实验中，Ca^{2+} 浓度测定的原理是什么？

2. 荧光剂负载有哪些方法？

3. 本实验应如何避免误差？

8.2　细胞内 Ca^{2+} 的定位

【实验原理】

在进行常规的电镜切片前，在材料固定液中加焦锑酸钾处理进行制样，器官或组织细胞中的自由态 Ca^{2+} 都能生成焦锑酸钙在原部位沉淀，经染色后在电子显微镜下呈现出黑色颗粒，而固定液中不加焦锑酸钾处理的则没有这种颗粒。再进一步用 Ca^{2+} 的专一性螯合物 EGTA 进行处理，检查这些黑色颗粒是否消失，以证实黑色颗粒就是 Ca^{2+}，从而可对 Ca^{2+} 进行定位标记。

【实验条件】

1. 材料

各种植物样品。

2. 试剂

(1)0. 2 mol · L^{-1} PBS 缓冲液：称取 27. 2 g KH_2PO_4 和 45. 6 g K_2HPO_4 分别溶于 1 L 蒸馏水中。量取 33 mL KH_2PO_4 溶于 66 mL K_2HPO_4 溶液，倒入烧杯，混匀，调 pH 7. 1。

(2)2% 焦锑酸钾：称取 2 g 焦锑酸钾，溶于 100 mL 0. 2 mol · L^{-1} PBS 中，pH 7. 6。用于

细胞 Ca^{2+} 化学定位。

(3)3% 戊二醛(前固定液)：量取 6 mL 50% 的戊二醛溶液，以 2% 焦锑酸钾为溶剂，定溶到 100 mL。

(4)2% OsO_4(四氧化锇) 溶液(后固定液)：将 1g OsO_4溶于 50 mL 蒸馏水，4 ℃溶解 24 h，密封避光保存。

(5)包埋剂：称取 8 mL Epon 812，磁力搅拌器搅匀；称取 2 mL DDSA(十二烯基丁二酸酐)，6 mL MNA(甲基丙烯酸甲酯)，0.4 mL DMP(二甲氧基丙烷)-30 逐次加入到 Epon 812 之中，搅拌至溶解。用于组织材料包埋。

(6)柠檬酸铅染液：称取 0.04 g 柠檬酸铅溶于 10mL 蒸馏水。用于电镜切片染色。

(7)100 mmol · L^{-1} EGTA[乙二醇双(2-氨基乙基醚)四乙酸]：称取 1.092 g EGTA，溶解于 50 mL 去离子水中，pH 值 8.0。用于中和焦锑酸钾标记的钙离子颗粒。

3. 仪器用具

透射电子显微镜，超薄切片机等。

【方法步骤】

1. 取材

长势良好的植物材料，切成长 0.5 cm 切段。

2. 初固定

组织材料迅速放入 3% 戊二醛(含 2% 的锑酸钾)固定液，抽气后 4 ℃固定过夜。

3. 洗涤

2% 的锑酸钾洗涤 3 次，每次 20 min。

4. 后固定

将洗涤后的材料移到 1% OsO_4中，4 ℃固定过夜。

5. 洗涤

2% 的焦锑酸钾洗涤 3 次，每次 20 min；双蒸水洗涤 2 次，每次 20 min。

6. 脱水、渗透和包埋

30%、50%、70%、80%、90%、100% 乙醇分别脱水 30 min，丙酮过渡 3 次，每次 30 min，然后分别用丙酮/包埋剂(3/1、1/1、1/3)的混合物渗透，时间分别为 1 h、2 h、3 h，纯包埋剂中过夜。

7. 聚合

包埋好的材料，放入恒温箱聚合，分别 37 ℃聚合 12 h，45 ℃聚合 12 h，60 ℃聚合 24 h。

8. 切片

用 LKB-800 型切片机进行切片。

9. 染色

在封口膜滴几滴醋酸双氧铀染液，染色 30 min；用双蒸水清洗铜网 2 次，每次 5 min；柠檬酸铅染色 5 min，水洗 2 次，每次 5 min，放入铜网盒内。

10. 电镜观察

在 JEM-100SX 透射电镜下观察，焦锑酸钾与 Ca^{2+} 形成黑色焦锑酸钙沉淀，在电镜下呈黑色颗粒状。

11. Ca^{2+}真实性检验

将焦锑酸钾标记的切片置于100 mmol · L^{-1}的EGTA(pH 8.0)溶液中，60 ℃处理1 h，EGTA可螯合焦锑酸钙中的钙，使得原本在电镜下呈黑色颗粒状的焦锑酸钙沉淀表现为白色透明状。

【注意事项】

1. 样品固定要完全，保证焦锑酸钾渗透到组织的各部位。
2. 切片染色时要防止CO_2污染。
3. OsO_4、醋酸双氧铀和柠檬酸铅有剧毒，注意安全。

【思考题】

1. 本实验进行钙离子定位的原理是什么?
2. 在电镜下观察样品切片，钙离子呈什么颜色?
3. 在电镜下观察，细胞中的黑色颗粒均为钙离子吗?

（王凤茹）

第 5 篇

植物生长发育

实验一 种子生活力的测定

【实验目的】

种子生活力指种子能够萌发的潜在能力或种胚具有的生命力。种子生活力的高低决定了种子品质和实用价值大小，关系到播种时的用种量。测定种子生活力常采用发芽实验法，即在适宜条件下，让种子吸水萌发，在规定天数内统计发芽的种子数占供试种子数的百分比。但是常规发芽实验法测定种子生活力所需时间较长，无法适用于应急需要，也无法检测休眠种子的生活力。本实验介绍几种快速、准确地检测种子生活力的方法。通过实验，要求掌握相关方法及测定原理。

1.1 氯化三苯基四氮唑(TTC)法

【实验原理】

有生活力的种子胚部在呼吸作用过程中具有氧化还原反应，而无生活力的种胚则无此反应。胚在呼吸代谢途径中由脱氢酶催化产生氢，氢可以使无色的TTC还原，生成红色三苯基甲腙(TTF)。所以，当TTC溶液渗入种胚的活细胞内，胚便染成红色；当种胚生活力下降时，呼吸作用明显减弱，脱氢酶的活性下降，胚的颜色变化不明显；当种胚无生活力时，则不能着色。故可由染色的程度推知种子的生活力强弱。

【实验条件】

1. 材料

小麦、玉米、绿豆、水稻、油菜或其他植物种子。

2. 试剂

0.1% TTC溶液(pH 6.5~7.5)。

3. 仪器用具

培养皿，镊子，单面刀片，烧杯，搪瓷盘，恒温箱。

【方法步骤】

(1)将待测种子用温水(30 ℃左右)浸泡2~6 h，使种子充分吸胀。

(2)随机取100粒吸胀种子，沿种胚中央准确切开，取每粒种子的一半备用。

(3)把切好的种子放在培养皿中，加TTC溶液，以浸没种子为度。

(4)放入30~35 ℃的恒温箱内保温30 min，也可在20 ℃左右的室温下放置40~60 min。

(5)保温后，倾出药液，用自来水冲洗2~3次，立即观察种胚着色情况，判断种子有无生活力。

【结果与分析】

符合以下标准的种子可认定为无生活力：胚全部或大部分不染色；胚根不染色部分不限于根尖；子叶不染色或丧失机能的组织超过1/2；胚染成很淡的紫红色或淡灰红色；子叶与

胚中轴的连接处或在胚根上有坏死的部分；胚根受伤以及发育不良的未成熟的种子。

有生活力的种子应具备：胚发育良好、完整、整个胚染成鲜红色；子叶有小部分坏死，其部位不是胚中轴和子叶连接处；胚根尖虽有小部分坏死，但其他部位完好。

根据式(5-1)计算供试种子的生活力。

$$\text{有生活力种子百分率}(\%) = \frac{\text{有生活力种子粒数}}{\text{供试总粒数}} \times 100 \qquad (5\text{-}1)$$

【注意事项】

1. TTC 溶液最好现配现用，如需贮藏则应贮于棕色瓶中，放在阴凉黑暗处，如溶液变红则不可再用。

2. 染色温度一般以 25～35 ℃为宜。

3. 染色结束后要立即进行鉴定，放久会褪色。

4. 不同作物种子生活力的测定，所需试剂浓度、浸泡时间、染色时间不同。现将主要作物种子生活力测定所需条件列入表 5-1。

表 5-1　TTC 法测定主要作物种子生活力要点

作　物	种子准备	TTC 浓度(%)	在 35 ℃下染色时间(h)
水稻	去壳纵切	0.1	2～3
高粱、玉米及麦类作物	纵切	0.1	0.5～1
棉花、荞麦、蓖麻	剥去种皮	1.0	2～3
花生、甜菜、大麻、向日葵	剥去种皮	0.1	3～4
大豆、菜豆、亚麻、二叶草	无需准备	1.0	3～4

1.2　溴麝香草酚蓝(BTB)法

【实验原理】

具有生活力的种胚具有呼吸作用，吸收空气中的 O_2 放出 CO_2，CO_2 溶于水生成 H_2CO_3，H_2CO_3 解离成 H^+ 和 HCO_3^-，使得种胚周围环境的酸度增加，可用溴麝香草酚蓝(BTB)来测定酸度的改变。BTB 的变色范围为 pH 6.0～7.6，酸性呈黄色，碱性呈蓝色，中间经过绿色(变色点为 pH 7.1)。根据 BTB 颜色差异即可判断种子的生活力。

【实验条件】

1. 材料

待测种子。

2. 试剂

0.1% BTB：称取 BTB 0.1 g，溶解于煮沸过的自来水中(配制指示剂的水应为微碱性，使溶液呈蓝色或蓝绿色，蒸馏水为微酸性不宜用)，然后用滤纸滤去残渣。滤液若呈黄色，可加数滴稀氨水，使之变为蓝色或蓝绿色。此液贮于棕色瓶中可长期保存。

3. 仪器用具

恒温箱，刀片，烧杯，镊子，培养皿，滤纸，漏斗。

【方法步骤】

(1)浸种：同 TTC 法。

(2)制备 BTB 琼脂凝胶：取 100 mL 0.1% BTB 溶液置于烧杯中，将 1 g 琼脂剪碎后加入，用小火加热并不断搅拌。待琼脂完全溶解后，趁热倒在 4 个干洁的培养皿中，使成一均匀的薄层，冷却后备用。

(3)显色：取吸胀的种子 100 粒，种胚朝下，整齐地埋于准备好的琼脂凝胶中，间隔距离≥1 cm。然后置于 30～35 ℃下培养 1～2 h，在蓝色背景下观察，如种胚附近呈现较深黄色晕圈是活种子，否则是死种子。

【结果与分析】

根据式(5-2)计算供试种子的生活力。

$$有生活力种子百分率(\%) = \frac{有生活力种子粒数}{供试总粒数} \times 100 \tag{5-2}$$

【注意事项】

1. BTB 溶胶层厚度取决于种子大小，原则上保证种胚接触皿底后尚有部分露出胶层上方，胶层厚度应使种子稳定其中。

2. 要取完好种子，种胚向下插入 BTB 溶胶层。

1.3 荧光法

【实验原理】

植物种子中常含有一些能够在紫外线照射下产生荧光的物质，如某些黄酮类、香豆素类、酚类物质等，在种子衰老过程中，这些荧光物质的结构和成分往往发生变化，因而荧光的颜色也相应地有所改变。有些种子在衰老死亡时，内含荧光物质虽然没有改变，但由于生活力衰退或已经死亡的细胞原生质透性增加，当浸泡种子时，细胞内的荧光物质很容易外渗。因此，可以根据前一种情况观察种胚荧光的方法来鉴定种子的生活力，或根据后一种情况观察荧光物质渗出的多少来鉴定种子的生活力。

【实验条件】

1. 材料

禾谷类、松柏类、某些蔷薇科果树和十字花科植物种子。

2. 仪器用具

紫外光灯，白纸(不产生荧光的)，刀子，镊子，培养皿，烧杯。

【方法步骤】

1. 直接观察法

这种方法适用于禾谷类、松柏类及某些蔷薇科果树的种子生活力的鉴定，但种间的差异较大。

随机选取 20 粒待测种子，用刀片沿种子的中心线将种子切为两半，使其切面向上放在无荧光的白纸上，紫外光灯下观察。有生活力的种子产生蓝色，无生活力的种子多呈黄色、褐色以至暗淡无光，并带有多种斑点。

按上述方法进行观察并记载有生活力及丧失生活力的种子的数目，然后计算有生活力种子所占百分数。与此同时也作常规发芽试验，计算其发芽率作为对照。

2. 纸上荧光法

随机选取 50 粒完整无损的种子，置烧杯内，加蒸馏水浸泡 10～15 min，使种子吸胀，然后将种子沥干，再按 0.5 cm 的距离摆放在湿滤纸上(滤纸上水分不宜过多，防止荧光物质流散)，以培养皿覆盖静置数小时后将滤纸(或连同上面摆放的种子)风干(或用电吹风吹干)。置紫外光灯下照射，可以看到摆过死种子的周围有一圈明亮的荧光团，而有生活力的种子周围则无此现象。根据滤纸上显现的荧光团的数目就可以测出丧失生活力的种子的数量，并由此计算出有生活力种子所占的百分率。此外，可与此同时作一平行的常规种子萌发试验，计算其发芽率作为对照。

这种方法应用于白菜、萝卜等十字花科植物种子生活力的鉴定效果很好。但对于一些在衰老、死亡后减弱或失去荧光的种子便不适用此法，因此，对它们只宜采用直接观察法。

1.4　红墨水染色法

【实验原理】

凡是生活细胞的原生质膜均具有选择吸收物质的能力，而死的种胚细胞原生质膜丧失这种能力，于是染料可能进入死细胞而染色。

【实验条件】

1. 材料

大麦、小麦、玉米等待测种子。

2. 试剂

5% 红墨水。

3. 仪器用具

恒温箱，刀片，烧杯，镊子，培养皿，滤纸，漏斗等。

【方法步骤】

1. 浸种，同 TTC 法。
2. 随机取 100 粒吸胀种子，沿种胚中央准确切开，取每粒种子的一半备用。
3. 把切好的种子放在培养皿中，加入红墨水，以浸没种子为度。
4. 放入 30～35 ℃的恒温箱内保温 30 min，也可在 20 ℃左右的室温下放置 40～60 min。
5. 保温后，倾出红墨水，用自来水冲洗种子多次后立即观察种胚着色情况，未着色的为有生活力种子。

【结果与分析】

根据式(5-3)计算供试种子的生活力。

$$\text{有生活力种子百分率}(\%) = \frac{\text{有生活力种子粒数}}{\text{供试总粒数}} \times 100 \qquad (5\text{-}3)$$

【注意事项】

1. 红墨水浸泡量以淹没种子为度。
2. 染色温度一般以 25～35 ℃为宜。
3. 染色结束后要用水冲洗多次，至冲洗液无色后立即进行鉴定。

【思考题】

1. TTC 法、BTB 法和荧光法快速测定种子生活力的理论依据是什么?
2. 根据这几种方法的原理及种胚的生理特点，你还能设计出其他快速测定种子生活力的方法吗?

(侯名语　贾晓梅)

实验二 植物春化现象的观察

【实验目的】

春化现象在生产和科研中有重要的应用价值。通过本实验要求掌握植物春化现象的观察方法。

【实验原理】

冬性作物(如冬小麦)在其生长发育过程中，必须经过一段时间的低温，生长锥才能开始分化，幼苗才能正常发育，因此可以用检查生长锥分化(以及对植株拔节、抽穗的观察)来确定是否已通过春化。

【实验条件】

1. 材料

冬小麦种子。

2. 仪器用具

冰箱，解剖镜，镊子，解剖针，载玻片，培养皿。

【方法步骤】

(1)冬季选取一定数目的萌动的冬小麦种子，置培养皿内，放在0~5 ℃的冰箱中进行春化处理。处理时间可分为播种前50 d、40 d、30 d、20 d和10 d。

(2)春季从冰箱中取出经不同天数处理的小麦种子和未经低温处理但使其萌动的种子，播种于花盆内。

(3)麦苗生长期间，各处理进行相同的肥水管理，观察植株生长情况(株高、茎粗、拔节期、开花期等)。当春化处理天数最多的麦苗开始拔节时，在各处理中分别取一株麦苗，用解剖针剥出生长锥，并将其切下，放在载玻片上，加1滴水，然后在解剖镜下观察，并作简图。

(4)持续定期观察植株生长情况，直到处理天数最少的麦株开花为止。

【结果与分析】

(1)比较不同处理的生长锥的形态区别。当营养生长锥变为生殖生长锥时，表面积增大、生长锥伸长。

(2)将观察情况记录于表5-2中。

表5-2 春化天数及冬小麦植株生长发育情况记录表

材料名称： 品种： 春化温度： 播种时间：

观察日期(年/月/日)	春化天数(天)					
	50	40	30	20	10	对照(未春化)

(3)根据观察结果，总结低温天数对冬小麦花期的影响。

【注意事项】

1. 取材要典型、一致。

2. 样本数量要大。

【思考题】

1. 春化处理天数多少对冬小麦抽穗时间有何影响？为什么？

2. 春化现象在农业生产中有何意义？

（周彦珍）

实验三　光周期对植物开花的影响

【实验目的】

光周期对植物的开花具有举足轻重的意义，根据植物开花对光照周期的反应，可以将植物分为长日照植物、短日照植物、日中性植物等。通过本实验，明确植物感受光周期的部位，了解光周期对植物开花的影响，掌握利用光周期诱导或延迟植物开花的原理，为农业生产中利用光周期理论调控花期打下基础。

【实验原理】

不同植物开花对光周期的要求不同，即光周期反应不同。根据植物对光周期的反应，可将植物分为三大类：短日植物(SDP)、长日植物(LDP)和日中性植物(DNP)。

短日植物在光照时数小于临界日长时，延长光照，就延迟开花，如果光照时数大于临界日长，就不进行花芽分化，不开花。短日植物有大豆、高粱、紫苏、晚稻、苍耳、菊花、烟草、一品红、黄麻、秋海棠、蜡梅、日本牵牛等。

如果日照长度短于临界日长，长日植物就不进行花芽分化，不开花。长日植物包括小麦、白菜、甘蓝、芹菜、菠菜、萝卜、胡萝卜、甜菜、豌豆、油菜、山茶、杜鹃、桂花等。

日中性植物开花对日照长度没有特殊的要求，在任何日照长度下均能开花，因此可四季种植，这种植物开花主要受自身发育状态的控制。日中性植物包括番茄、四季豆、黄瓜、辣椒、月季、君子兰、向日葵等。

【实验条件】

1. 材料

菊花，二色金光菊。

2. 仪器用具

日光灯，纸箱，报纸等。

【方法步骤】

1. 不同光周期对植物开花的诱导

将若干菊花和二色金光菊分别按表 5-3 所给定的光照时间和黑暗时间诱导 12～14 d(做好

标示)，之后查看植株是否开花。若需黑暗时间较长，可用纸箱罩住植物；若需光照时间较长，可用日光灯来照射。

表 5-3 不同光周期对植物开花的诱导

光照时间(h)	8	9	10	11	12	13	14	15	16
黑暗时间(h)	16	15	14	13	12	11	10	9	8
菊花									
二色金光菊									

注：开花记为+，不开花记为-。

2. 植物感受光周期的部位

将3株菊花在黑暗16 h，光照8 h的条件下诱导12～14 d。区别在于一株只诱导茎的顶端，一株只诱导叶片部分，还有一株整体诱导作为对照。具体方法是将所要诱导的部位用报纸包住，按照上述条件进行诱导，其余部分一直置于光照下。诱导结束后，观察诱导的结果。

3. 光周期的打断对植物光周期诱导的影响

将2株菊花在黑暗16 h，光照8 h的条件下诱导12～14 d。区别在于其中一株在诱导过程的黑暗时间中用闪光瞬时打断，另一株正常诱导作为对照。闪光瞬时打断黑暗的具体方法是在黑暗诱导过程中短时间照光(掀开纸箱或开灯)。观察诱导的结果。

【结果与分析】

本实验所选用的菊花是短日照植物(临界日长15 h，诱导12 d开花)，选用的二色金光菊是长日照植物(临界日长10 h，诱导12 d开花)所以步骤1推测的实验效果见表5-4。

表 5-4 不同光周期对植物开花诱导结果

光照时间(h)	8	9	10	11	12	13	14	15	16
黑暗时间(h)	16	15	14	13	12	11	10	9	8
菊花	+	+	+	+	+	+	+	+	-
二色金光菊	-	-	+	+	+	+	+	+	+

注：开花记为+，不开花记为-。

观察并分析步骤2和步骤3的结果。

【注意事项】

1. 在步骤2中，不诱导的部分一定要置于持续的光照下，因为菊花是短日照植物，持续的光照不会诱导开花，不影响实验结果(植物感受光周期的部位是叶，故只诱导茎的尖端不会使植物开花)。

2. 步骤3中被打断的黑暗不会诱导开花，因为对短日植物成花诱导起决定作用的是连续的黑暗时间。

3. 为增加实验的可行性，可以分不同的组来完成不同光周期的诱导工作，全班一起来分析结果；也可以通过减少光周期的梯度数量，减少工作量。

【思考题】

1. 植物感受光周期的部位是什么？

2. 不同光周期对长日植物和短日植物开花有什么影响？

3. 暗期中断对植物开花有什么影响？什么波长的光中断暗期最有效？

（王凤茹）

实验四　花粉活力的测定

【实验目的】

通过花粉活力的测定，可以了解花粉的可育性，并掌握不育花粉的形态和生理特征。在作物杂交育种、作物结实机理和花粉生理的研究中，常涉及花粉活力鉴定。掌握花粉活力的快速测定方法，是进行雄性不育株的选育、杂交技术的改良以及揭示内外因素对花粉育性和结实率影响的基础。

4.1　碘—碘化钾(I_2-KI)染色法

【实验原理】

多数植物正常花粉呈规则形状，如圆球形或椭球形、多面体等。禾谷类种子花粉成熟时积累淀粉较多，通常 I_2-KI 可将其染成蓝色。发育不良的花粉常呈畸形，往往不含淀粉或积累淀粉较少，用 I_2-KI 染色，往往呈黄褐色。因此，可用 I_2-KI 溶液染色法测定花粉活力。根据淀粉遇 I_2 变蓝的特性，可从蓝色的深浅程度判断花粉中淀粉的含量，进而确定花粉粒活性的大小。

【实验条件】

1. 材料

充分成熟将要开放的花朵。

2. 试剂

I_2-KI 溶液配制：取 2 g KI 溶于 5～10 mL 蒸馏水中，然后加入 1 g I_2，待全部溶解后，再加蒸馏水定容至 200 mL。贮于棕色瓶中备用。

3. 仪器用具

显微镜，恒温箱，镊子，载玻片，盖玻片，棕色试剂瓶。

【方法步骤】

（1）花粉采集：取将要开花的花蕾，剥除花被片等，取出花药。

（2）镜检：取一花药置于载玻片上，加 1 滴蒸馏水，用镊子将花药充分捣碎，使花粉粒释放，再加 1～2 滴 I_2-KI 溶液，盖上盖玻片，于低倍显微镜下观察。凡被染成蓝色的为含有淀粉的活力较强的花粉粒，呈黄褐色的为发育不良的花粉粒。

（3）观察 2～3 张制片，每片取 5 个视野，观察花粉的染色情况，统计花粉的染色率。

【结果与分析】

统计 100 粒花粉，根据式(5-4)计算花粉活力百分率。

$$\text{花粉活力}(\%)=\frac{\text{被染成蓝色的花粉粒数}}{\text{镜检统计的花粉粒总数}}\times 100 \qquad (5\text{-}4)$$

【注意事项】

1. 此法不能准确表示花粉的活力，不适用于研究某一处理对花粉活力的影响。因为核期退化的花粉已有淀粉积累，遇 I_2-KI 呈蓝色反应。另外，含有淀粉而被杀死的花粉粒遇 I_2-KI 也呈蓝色。

2. 此法不适宜花粉中淀粉含量低的植物。

4.2 氯化三苯基四氮唑(TTC)法

【实验原理】

TTC(2,3,5-三苯基氯化四氮唑)的氧化态是无色的，可被氢还原成不溶性的红色三苯基甲腙(TTF)。用TTC的水溶液浸泡花粉，使之渗入花粉内，如果花粉具有生命力，其中的脱氢酶就可以将TTC作为受氢体使之还原成为红色的TTF；如果花粉死亡便不能染色；花粉生命力衰退或部分丧失生活力则染色较浅或局部被染色。因此，可以根据花粉染色的深浅程度鉴定花粉的生命力。

【实验条件】

1. 材料

各种植物的含苞待放的花蕾。

2. 试剂

0.5 % TTC溶液配制：准确称取0.5 g TTC放在烧杯中，加入少许95%乙醇使其溶解，然后用蒸馏水定容至100 mL。

3. 仪器用具

显微镜，恒温箱，镊子，载玻片，盖玻片，烧杯。

【方法步骤】

(1)取将要开花的花蕾，剥除花被片等，取出花药。

(2)取少数花粉于载玻片上，加1~2滴TTC溶液，盖上盖玻片。

(3)将制片于35 ℃恒温箱中放置15 min，然后置于低倍显微镜下观察。凡被染为红色的活力强，淡红的次之，无色者为没有活力的花粉或不育花粉。

(4)每一植物观察2~3个花朵，每一花朵制一个制片，每片取5个视野，观察花粉染色情况。

【结果与分析】

每片取5个视野，统计100粒花粉，然后根据式(5-5)计算花粉活力百分率。

$$\text{花粉活力(\%)} = \frac{\text{被染成红色或淡红色的花粉粒数}}{\text{镜检统计的花粉粒数}} \times 100 \qquad (5\text{-}5)$$

【注意事项】

1. TTC水溶液呈中性，pH 7左右，不宜久藏，应现用现配。溶液避光保存，若变红色，则不能再用。

2. 需将花粉完全浸于TTC溶液中。

4.3 过氧化物酶测定法

【实验原理】

花粉中含有过氧化物酶，而且活力高的花粉过氧化物酶活性也高。该酶能利用过氧化物使多酚及芳香族胺发生氧化而产生紫红色的化合物。依据颜色深浅，可判断花粉活力大小。

【实验条件】

1. 材料

各种植物的含苞待放的花蕾。

2. 试剂

(1)试剂A配制：0.5%联苯胺溶液(称取联苯胺0.5 g溶于100 mL的50%乙醇中)、0.5% α-萘酚溶液(称取α-萘酚0.5 g溶于100 mL的50%乙醇中)、0.25%碳酸钠溶液(称取碳酸钠0.25 g溶于100 mL蒸馏水中)，于实验前各取10 mL混合即成。

(2)试剂B配制：0.3% H_2O_2。

3. 仪器用具

载玻片，盖玻片，显微镜，玻棒，恒温箱，培养皿，滤纸。

【方法步骤】

(1)取将要开花的花蕾，剥除花被片等，取出花药。

(2)取少量花粉放于干净的载玻片上，加试剂A与试剂B各一滴，搅匀后盖片，置于30 ℃温箱中保温10 min后，在显微镜下观察，凡呈紫红色的表明有过氧化物酶存在，为具有活力的花粉，如无色或呈黄色的表明无过氧化物酶，则为失去活力的花粉。

【结果与分析】

每片取5个视野，统计100粒花粉，然后根据式(5-6)计算花粉活力百分率。

$$花粉活力(\%)=\frac{被染成紫色的花粉粒数}{镜检统计的花粉粒数}\times 100 \tag{5-6}$$

【注意事项】

1. 联苯胺为致癌物质，如无同分设备可在三角瓶塞紧塞子，塞子插一支0.5 m长的玻璃管，可防止联苯胺蒸气逸出。使用时应特别小心，不要碰到皮肤上。

2. 试剂A的3种组分单独保存，实验前混合，应现用现配。

【思考题】

1. 上述方法是否适合于所有植物花粉活力的测定?

2. 哪种方法更能准确反应花粉的活力?

3. 如果选取不同成熟阶段的花粉，用这几种方法检测将会出现怎样的结果？为什么?

4. 比较3种测试花粉活力方法的实验原理有何异同?

(谢寅峰)

实验五　果实硬度的测定

【实验目的】

硬度是确定果实采收期和评价贮藏品质的重要指标之一。本实验学习利用果实硬度计测定果实硬度的原理和方法。

【实验原理】

果实硬度是指果实单位面积所能承受测力弹簧的压力，单位为 $kg \cdot cm^{-2}$。压力越强则表示果实硬度越大。

【实验条件】

1. 材料

苹果、梨、桃、李子等肉质果实。

2. 仪器用具

小刀，GY-B 型果实硬度计，记号笔。

【方法步骤】

(1)去皮：在果实的赤道部位的阴、阳两面各削去一小块果皮。

(2)硬度测定：手握硬度计，按动复位按钮，使指针归零。将硬度计探头垂直于被测果实表面，均匀用力将其压入果实。当压到探头刻线时(压入 10 mm)停止压入，记数。按动复位按钮，使指针归零，进行下一个位置的测定。每次取 10 个果实进行测定，重复 3 次。

【结果与分析】

将果实阴、阳面的硬度记录于表 5-5 中，并计算平均值表示果实的硬度。

表 5-5 果实硬度记录表

果实编号	1	2	3	4	5	6	7	8	9	10
阴面($kg \cdot cm^{-2}$)										
阳面($kg \cdot cm^{-2}$)										
平均值($kg \cdot cm^{-2}$)										

【注意事项】

1. 用力要均匀。
2. 去皮厚度尽量一致。
3. 不同处理间探测部位尽量一致。
4. 选择完好无损的果实。

【思考题】

去皮厚度对测定结果有怎样的影响?

(顾玉红)

实验六 果实色素含量的测定

【实验目的】

果实的组织中存在叶绿素、类胡萝卜素、花青素、类黄酮类和酚类等物质，这些物质与果实成熟衰老过程的色泽、品质密切相关，对果实的贮藏、加工性能、果实的营养价值都有重要影响。叶绿素含量的测定见本书第 3 篇实验三内容，本实验学习分光光度计法测定果实中总酚、花青素、类黄酮等物质含量的原理和方法。

【实验原理】

利用盐酸—甲醇溶液从果实组织中提取总酚、类黄酮和花青素。根据总酚物质、类黄酮和花青素的甲醇提取液的吸收光谱特性，可利用紫外可见分光光度计在特定波长下测定提取液的吸光度值，通过与标准曲线比较，计算出色素含量。

【实验条件】

1. 材料

苹果、桃、杏、李子等果实。

2. 试剂

含 1% 盐酸的甲醇溶液(v/v)，4 ℃预冷。

3. 仪器用具

电子天平(感量 0.01)，小刀，研钵，具塞刻度试管(20 mL)，滤纸，漏斗，漏斗架，移液管(5 mL)，紫外可见分光光度计，胶头滴管，玻璃棒，洗耳球，记号笔。

【方法步骤】

1. 色素的提取

准确称取 0.50 g 果皮或果肉，放到 4 ℃预冷的研钵中，加入 5 mL 4 ℃下预冷的含 1% HCl 的甲醇溶液，研磨成匀浆后，转入 20 mL 刻度试管中。用含 1% HCl 的甲醇溶液冲洗研钵并转移到试管中，定容，混匀，4 ℃避光提取 20 min。期间摇动 2~3 次。然后过滤至试管中，收集滤液用于花青素、类黄酮、总酚含量的测定。

2. 分光光度法测定

以含 1% HCl 的甲醇溶液作空白调零，取滤液分别于波长 280 nm、325 nm、600 nm 和 530 nm 处测定溶液的吸光度值(A)，重复 3 次。代入花青素、类黄酮、总酚含量的公式计算含量，求出平均值。

【结果与分析】

(1)数据记录：将测定的数据记录于表 5-6 中。

表 5-6　果实色素含量记录表

重复次数	样品质量 W (g)	提取液体积 V(mL)	吸光度值				总酚 ($A_{280}\cdot g^{-1}$ FW)		类黄酮 ($A_{325}\cdot g^{-1}$ FW)		花青素 ($\Delta A_{530-600}\cdot g^{-1}$ FW)	
			280 nm	325 nm	600 nm	530 nm	计算值	平均	计算值	平均	计算值	平均
1												
2												
3												

(2)结果计算：以每克鲜重果实组织在波长 280 nm 处的吸光度值表示总酚含量，即 $A_{280}\cdot g^{-1}$ FW；以每克鲜重果实组织在波长 325 nm 处的吸光度值表示类黄酮含量，即 $A_{325}\cdot g^{-1}$ FW；以每克鲜重果实组织在波长 530 nm 和 600 nm 处的吸光度值之差表示花青素含量(U)，

即 $U = (A_{530} - A_{600}) \cdot g^{-1}$ FW。

【注意事项】

1. 提取液中盐酸的作用是沉淀样品中的蛋白质，从而降低蛋白质对提取液吸光度值的影响。当样品含蛋白质较多时，可适当加大盐酸浓度。

2. 本方法仅能判断测定样品之间总酚、类黄酮和花青素的相对含量。用没食子酸制作标准曲线后可计算总酚物质的准确含量，用 $\mu g \cdot g^{-1}$ FW 表示。用芦丁制作标准曲线后可计算类黄酮的准确含量。根据组织中花青素的种类选用相应的物质制作标准曲线进行含量的计算。

3. 取样量、各试剂的用量应根据色素的含量适当调整。

【思考题】

果实色素含量与果实成熟度的关系？

（顾玉红）

实验七 果实中果胶含量的测定

【实验目的】

果胶全称为多聚半乳糖醛酸，由 D-半乳糖醛酸以 α-1,4 糖苷键连接形成的直链状聚合物。在未成熟果实中，果胶物质大多与纤维素结合以原果胶的形式存在。原果胶是一种非水溶性的物质，使果实坚实、脆硬。随着果实的成熟，果胶物质逐渐与纤维素分离形成易溶于水的果胶，果实软化，硬度下降。本实验学习咔唑比色法测定果实中果胶含量的原理和方法。

【实验原理】

果胶物质水解生成半乳糖醛酸，半乳糖醛酸在硫酸溶液中能与咔唑试剂进行缩合反应，形成紫红色的化合物，该化合物呈色强度与半乳糖醛酸溶液浓度成正比，可通过比色法定量测定。该化合物颜色在反应 1～2 h 呈色最深，然后开始褪色。当反应液颜色最深时在波长 530 nm 处测定吸光度值，依据标准曲线计算样品中果胶的含量。

【实验条件】

1. 材料

苹果、桃、杏、番茄、李子等肉质果实。

2. 试剂

(1)含 0.15% 咔唑的乙醇溶液：称取 0.15 g 咔唑加入无水乙醇溶解并稀释至 100 mL。

(2)100 $\mu g \cdot mL^{-1}$ 半乳糖醛酸标准液：称取 10 mg 半乳糖醛酸，用蒸馏水溶解并定容至 100 mL。

(3)浓硫酸(分析纯)。

(4)95% 乙醇。

(5)0.5 $mol \cdot L^{-1}$ 硫酸：移取 2.778 mL 浓硫酸到 100 mL 蒸馏水中。

3. 仪器用具

可见分光光度计，电子天平，研钵，容量瓶(100 mL)，具塞刻度试管(25 mL)，移液管

(10 mL、1 mL)，三角瓶(100 mL)，水浴锅，计时器，离心机，刻度离心管(50 mL)，记号笔，小刀，试管架，冰箱，移液器(100～1000 μL)，量筒(50 mL)，洗耳球。

【方法步骤】

1. 标准曲线制作

取6支25 mL具塞刻度试管，编号，按表5-7加入半乳糖醛酸标准液和蒸馏水，然后沿管壁加入6.0 mL浓硫酸，加塞，沸水浴20 min，取出冷却至室温，分别加入0.2 mL 0.15%咔唑—乙醇溶液并摇匀。避光静置0.5～2 h，显色最深时于波长530 nm处测定吸光度值。以半乳糖醛酸微克数为横坐标，吸光度值为纵坐标，绘制标准曲线，并求得线性回归方程。

表5-7　绘制半乳糖醛酸标准曲线时各试剂的加入量

试　剂	试管号					
	0	1	2	3	4	5
半乳糖醛酸标准液(mL)	0	0.2	0.4	0.6	0.8	1.0
蒸馏水(mL)	1.0	0.8	0.6	0.4	0.2	0
半乳糖醛酸含量(μg)	0	20	40	60	80	100

2. 果胶的提取

(1)可溶性果胶的提取：准确称取1.0 g果实样品，加入5 mL 95%乙醇，研磨成匀浆后转移到50 mL刻度离心管中，再用20 mL 95%乙醇将研钵冲洗干净，将液体转移到离心管中，用95%乙醇定容到50 mL，沸水浴30 min，以除去样品中糖分及其他物质。在煮沸过程中要及时补加95%乙醇溶液。取出冷却至室温后，于8000 rpm离心15 min，弃去上清液。除糖步骤重复3次。将具有沉淀的离心管中加入20 mL蒸馏水，50 ℃水浴30 min，以溶解果胶。取出冷却至室温，8000 rpm离心15 min，将上清液移入100 mL容量瓶中，用少量水洗涤沉淀，8000 rpm离心15 min后，一并将上清液移入到容量瓶中，加蒸馏水定容到100 mL，即为可溶性果胶溶液。

(2)原果胶的提取：保留经蒸馏水洗涤后的沉淀物，向离心管中加入25 mL 0.5 mol·L^{-1}硫酸溶液，沸水浴1 h，取出冷却至室温后，于8000 rpm离心15 min，将上清液移入100 mL容量瓶中，加蒸馏水定容，即得原果胶测定液。

3. 显色反应及测定

吸取1.0 mL提取液，加入到25 mL刻度试管中，按标准曲线的操作步骤进行测定。重复3次。

【结果与分析】

(1)数据记录：将测定的数据记录于表5-8中。

表5-8　果实果胶含量记录表

重复次数	样品质量 W(g)	提取液总体积 V(mL)		吸取样品液体积 V_s(mL)		波长530 nm吸光度值		由标曲查得的半乳糖醛酸量 m(μg)		样品中果胶物质含量(%)			
										计算值		平均值	
		SP	PP	SP	PP	SP	PP	SP	PP	SP	PP	SP	PP
1													
2													
3													

注：SP指可溶性果胶，PP指原果胶。

(2)结果计算：根据溶液吸光度值，在标准曲线上查出相应的半乳糖醛酸含量，代入式(5-7)分别计算果实中原果胶和可溶性果胶含量，以生成半乳糖醛酸的百分含量表示。计算公式如下：

$$半乳糖醛酸含量(\%) = \frac{m \times V}{V_s \times W \times 10^6} \times 100 \tag{5-7}$$

式中 m——从标准曲线查得半乳糖醛酸量(μg)；

V——样品提取液总体积(mL)；

V_s——测定时所取样品提取液体积(mL)；

W——样品质量(g)。

$$果胶(\%) = 原果胶(\%) + 可溶性果胶(\%) \tag{5-8}$$

【注意事项】

1. 可溶性糖对测定结果影响很大，所以应彻底去除样品中的可溶性糖。
2. 浓硫酸具有强腐蚀性，使用过程中要注意安全，加强防护。
3. 硫酸浓度对显色影响大，不同处理间的硫酸要使用同一批次配制的溶液。
4. 加入咔唑溶液后的反应时间根据具体情况而定。

【思考题】

样品中可溶性糖分会对测定果胶含量有怎样的影响？

(顾玉红)

实验八 果实中果胶酶(PG)活性的测定

【实验目的】

通过本实验学习利用分光光度计法测定果胶酶的活性。

【实验原理】

果胶酶(多聚半乳糖酸酶)实质上是多聚半乳糖醛酸水解酶，果胶酶水解果胶主要生成β-半乳糖醛酸，通过3,5-二硝基水杨酸(DNS)同半乳糖醛酸反应产生显色物质，该物质在波长540 nm处有吸收峰，用分光光度计法测出反应液的吸光度值，代入公式即可计算出果胶酶的活性。反应液颜色越深，吸光度值越大，果胶酶的活性越强。

【实验条件】

1. 材料

苹果、梨、桃、李子等肉质果实。

2. 试剂

(1)2 mol · L^{-1}氢氧化钠：称取8 g氢氧化钠，少量蒸馏水溶解后定容至100 mL。

(2)50 mmol · L^{-1} pH 5.6的醋酸—醋酸钠缓冲液：配制方法详见附录4.6。

(3)1% 的 3,5-二硝基水杨酸(DNS)溶液：精确称取 1 g 3,5-二硝基水杨酸，溶于 20 mL 2mol·L^{-1}氢氧化钠溶液，加入50 mL蒸馏水，再加入30 g酒石酸钾钠，再加入少量蒸馏水，完全溶解后定容至100 mL。

(4)1%的果胶溶液：称取果胶1 g，加入适量50 mmol·L^{-1}pH 5.6 的醋酸—醋酸钠缓冲液，溶解后定容至100 mL。

3. 仪器用具

可见分光光度计，高速冷冻离心机，水浴锅，容量瓶(100 mL、500 mL)，研钵，刻度试管(25 mL)，电子天平(感量 0.000 1)，冰箱，试剂瓶(500 mL)，烧杯(50 mL)，移液管(10 mL)，量筒(100 mL、500 mL)，离心管(10 mL)，移液器(100～1000 μL)，洗耳球，记号笔。

【方法步骤】

1. 制作标准曲线

配制一系列已知浓度的半乳糖醛酸标准液(见本书5.7 部分)，按照3,5-二硝基水杨酸法测定半乳糖醛酸含量的方法，用“0”号管作为参比调零，在波长540 nm处测定吸光度值，制作标准曲线。

2. 粗酶液的提取

称取果肉样品3 g，放到4 ℃预冷的研钵中，往研钵中加入3 mL 4 ℃预冷的50 mmol·L^{-1} pH 5.6 醋酸—醋酸钠缓冲液，研磨成匀浆，4 ℃、10 000 rpm离心10 min，上清液即为粗酶液。

3. 果胶酶活性的测定

取2支25 mL刻度试管，各试管中加入1.0 mL 50 mmol·L^{-1} pH 5.6 醋酸—醋酸钠缓冲液和0.5 mL 1%的果胶溶液。其中一支试管中加入0.5 mL 酶提取液，另一支试管中加入0.5 mL经煮沸5 min的酶提取液作为对照，混匀后37 °C水浴1 h。随后，迅速加入1.5 mL 1%的3,5-二硝基水杨酸溶液，沸水浴5 min。然后在自来水中将试管冷却至室温，以蒸馏水稀释至25 mL刻度处，摇匀。在波长540 nm处按照与制作标准曲线相同的方法比色，测定溶液的吸光度值，重复3次。

【结果与分析】

(1)数据记录：将测定的数据记录于表5-9中。

表5-9　果胶酶活性记录表

重复次数	样品质量 W(g)	提取液体积 V(mL)	吸取样品液体积 V_s(mL)	波长540 nm吸光度值			由标准曲线查得糖量 C(mg)	样品中PG活性 ($\mu g \cdot h^{-1} \cdot g^{-1}$ FW)	
				对照	样品	样品－对照		计算值	平均值±标准偏差
1									
2									
3									

(2)结果计算：根据样品反应管和对照管溶液吸光度值的差值，计算半乳糖醛酸毫克数。果胶酶(PG)活性以每小时每克鲜重(FW)果实组织样品在37°C催化多聚半乳糖醛酸水解生成

半乳糖醛酸的微克数表示，即 μg·h^{-1}·g^{-1} FW。计算公式如下：

$$多聚半乳糖醛酸活性(\mu g \cdot h^{-1} \cdot g^{-1}\ FW) = \frac{m \times V \times 1000}{V_s \times t \times W} \quad (5\text{-}9)$$

式中 m——从标准曲线查得的半乳糖醛酸量(mg)；

V——样品提取液总体积(mL)；

V_s——测定时所取样品提取液体积(mL)；

t——酶促反应时间(h)；

W——样品质量(g)。

【注意事项】

1. 3,5-二硝基水杨酸不易溶解，需用磁力搅拌器恒温(约25 ℃)搅拌，定容后应避光保存，现用现配。

2. 酶促反应时间、温度条件必须严格控制，否则会产生较大误差。

3. 由于3,5-二硝基水杨酸溶液中加入了氢氧化钠，而强碱可抑制果胶酶的活性，所以可利用3,5-二硝基水杨酸溶液来终止保温后的酶促反应。

【思考题】

在加入3,5-二硝基水杨酸溶液后，沸水浴5 min的作用是什么？

（顾玉红）

实验九 果实中可滴定酸含量的测定

【实验目的】

果实中含有苹果酸、柠檬酸、酒石酸、草酸等多种有机酸。有机酸的种类和数量因果实种类和品种而异，进而影响果实的口味、糖酸比、耐贮性。本实验学习氢氧化钠溶液滴定法测定果实中可滴定酸含量的方法。

【实验原理】

果实中可滴定酸(titritable acidity，TA)含量的测定是根据酸碱中和原理进行的，即用已知浓度的氢氧化钠溶液滴定果实提取液，根据氢氧化钠的消耗量计算果实中可滴定酸的含量。由于果实中含有多种有机酸，所以需要根据该果实中所含的主要有机酸进行折算。

【实验条件】

1. 材料

苹果、番茄、桃、李子等果实。

2. 试剂

(1)0.1 mmol·mL^{-1}氢氧化钠溶液：准确称取4.0 g分析纯氢氧化钠，用新煮沸过且冷却后的蒸馏水溶解，并定容至1000 mL。使用时，用邻苯二甲酸氢钾(分子量为204.22)溶液标定氢氧化钠溶液的浓度。准确称取0.600 0 g在105 ℃干燥至恒重的基准邻苯二甲酸氢钾，加 50 mL 新煮沸过的且已经冷却的蒸馏水于三角瓶中将其溶解，滴加 2 滴酚酞溶液，用配制好的氢氧化钠溶液滴定至溶液呈粉红色。用邻苯二甲酸氢钾的克数除以滴定时 NaOH 溶液的毫升数，再除以 0.204 2（1 mmol 邻苯二甲酸氢钾的克数），即得氢氧化钠溶液的准确浓度（$mmol \cdot mL^{-1}$）。

（2）1% 的酚酞溶液：称取 1.0 g 酚酞，加入到 100 mL 50% 的乙醇溶液中溶解。

3. 仪器用具

碱式滴定管（20 mL），容量瓶（100 mL、1000 mL），移液管（1 mL、10 mL），三角瓶（100 mL），研钵，电子天平（感量 0.000 1），漏斗和漏斗架，滤纸，铁架台，蒸馏水，洗耳球，滴管，烘箱，电炉，烧杯（1000 mL），量筒（50 mL），冰箱，记号笔。

【方法步骤】

1. 可滴定酸的提取

称取果实样品 10.0 g，置于研钵中，加入少量蒸馏水，研磨成匀浆，转移到 100mL 容量瓶中，用蒸馏水冲洗研钵，一并转入到容量瓶中，定容至刻度，摇匀。提取 30 min 后过滤至三角瓶中。

2. 滴定测定

移取 20.0 mL 滤液至三角瓶中，加入 2 滴 1% 的酚酞溶液，用已标定的氢氧化钠溶液进行滴定。滴定至溶液初显粉色并在 0.5 min 内不褪色时为终点，记录氢氧化钠滴定液的用量，重复 3 次。再以蒸馏水代替滤液进行滴定，作为空白对照。

【结果与分析】

（1）数据记录：将测定的数据记录于表 5-10 中。

表 5-10 果实可滴定酸含量记录表

重复次数	样品质量 W（g）	提取液总体积 V（mL）	所取滤液体积 V_s（mL）	NaOH 浓度 C（$mmol \cdot mL^{-1}$）	NaOH 消耗量（mL）		折算系数 f	可滴定酸含量（%）	
					测定（V_1）	空白（V_0）		计算值	平均值
1									
2									
3									

（2）结果计算：根据 NaOH 滴定液消耗量，计算果实中可滴定酸含量，以百分含量表示。计算公式如下：

$$可滴定酸含量(\%)=\frac{V \times C \times (V_1 - V_0) \times f}{V_s \times W} \times 100 \tag{5-10}$$

式中 V——样品提取液总体积（mL）；

V_s——滴定时所取滤液体积（mL）；

C——氢氧化钠滴定液摩尔浓度（$mmol \cdot mL^{-1}$）；

V_1——滴定滤液消耗的 NaOH 溶液的体积（mL）；

V_0——滴定蒸馏水消耗的 NaOH 溶液的体积（mL）；

W——样品质量（g）；

f——折算系数（1 mmol NaOH 换算为某种酸克数的系数），常按照果实中主要的有机酸进行折算，苹果、梨、桃、杏、李、番茄、莴苣等果实中主要含苹果酸，其折算系数为0.067，柑橘类果实中主要含一结晶水的结晶柠檬酸，其折算系数为0.070，葡萄果实中主要含酒石酸，其折算系数为0.075。

【注意事项】

1. 果实中含酸量较少时，可将NaOH滴定液适当稀释后使用。如利用0.05 mmol · mL^{-1}甚至0.01 mmol · mL^{-1}的NaOH溶液进行滴定。

2. 可滴定酸含量计算公式中的V_0为3次空白测定的平均值。

【思考题】

1. 为什么要使用邻苯二甲酸氢钾标定氢氧化钠溶液的浓度？

2. 为何用新煮沸且冷却后的蒸馏水溶解氢氧化钠？

（顾玉红）

第 6 篇

植物逆境生理

实验一 植物细胞膜透性的测定

【实验目的】

掌握逆境下测定细胞受害程度的原理，学会使用电导率仪及紫外分光光度计测定植物细胞膜透性。

【实验原理】

植物组织在受到各种不利的环境条件(如干旱、低温、高温、盐碱等)危害时，细胞膜的结构和功能首先受到伤害，细胞膜透性增加。如果将受伤的组织浸入无离子水中，其外渗液中电解质的含量比正常组织外渗液中含量增加。植物组织受伤越严重，电解质增加越多。用电导仪测定外渗液电导率的变化，可以反映出质膜受伤害的程度。在电解质外渗的同时，细胞中可溶性有机物也发生外渗，引起外渗液中可溶性糖、氨基酸、核苷酸等含量增加。氨基酸和核苷酸对紫外光有吸收，用紫外分光光度计测定受伤组织外渗液的吸光度值，同样可以反映出质膜受伤害的程度。用电导仪法与紫外分光光度计法测定结果有很好的一致性。

【实验条件】

1. 材料

菠菜或其他植物叶片。

2. 试剂

洗液，去污粉，无离子水。

3. 仪器用具

DDS-307 型电导仪，751-型紫外分光光度计，真空泵，真空干燥器，三用水浴，打孔器，剪刀，洗瓶，试管或烧杯，移液管(10 mL)，玻璃棒，滤纸，洗耳球。

【方法步骤】

Ⅰ. 电导仪法

1. 清洗用具

由于电导仪对溶液中的电解质含量变化极为灵敏，稍有杂质即产生很大误差，所用玻璃器皿或其他用具如不洁净，就会严重影响实验结果，所以实验开始前必须首先清洁实验用具。玻璃用具和打孔器先用去污粉(或洗液)清洗，再分别用自来水、无离子水冲洗数遍。向洗净的试管或烧杯中加入去离子水，用电导仪测定电导值，检查是否洗净。然后放入(或倒置在)洗净且垫有洁净滤纸的瓷盘中，并用盖子或洁净纱布盖好。

2. 取样处理

选取菠菜或其他植物一定叶位和叶龄的功能叶片，先用自来水冲洗除去表面的污物，再用无离子水清洗叶片，然后用洁净滤纸将叶表面的水分轻轻吸干。保存在铺有湿滤纸或湿纱布的瓷盘中。用打孔器取叶圆片 80 片，混匀后平均分置在 4 个干净烧杯(或试管)中。将两个烧杯放入 -20 ℃冰箱内 20 min(或其他逆境胁迫处理)，两个烧杯在室温作对照。取出后，分别加入 20 mL 去离子水，将烧杯放入真空干燥器，开动真空泵抽气 15 min，以抽出细胞间隙的空气。真空泵缓慢放气后断电，此时水即进入细胞间隙，使细胞内溶物易于渗出。取出烧杯，用玻璃棒轻轻搅拌，放置 5 min 后测量。

3. 电导率测定

将 DDS-307 型电导仪的电极插入试管或烧杯，测定时要将电极头部完全浸入溶液中，记录电导率值。电极在每次测定之后都要用无离子水洗净并用吸水纸吸干。然后将各个烧杯或试管再置于沸水中煮沸 10 min，冷却至室温后再次测定浸泡液的电导率值。

Ⅱ. 紫外分光光度计法

1. 取样及处理

取样和处理方法同电导仪法。

2. 测定

抽气后在室温下保持 30 min，期间振荡几次。倒出外渗液，用 751-型紫外分光光度计测定外渗液对波长 260 nm 紫外光的吸光度值。然后向试管中加入 10 mL 去离子水，放入沸水浴中 5 min 以杀死组织，冷却至室温时，再次测定外渗液的吸光度值。

【结果与分析】

1. 电导仪法结果计算与分析

(1)以细胞膜相对透性大小表示细胞受害的程度。通常按式(6-1)计算。

$$\text{细胞膜相对透性}(\%) = \frac{L_1}{L_2} \times 100 \tag{6-1}$$

式中　L_1——叶片杀死前外渗液的电导率值；

L_2——叶片杀死后外渗液的电导率值。

(2)直接计算细胞膜伤害率，通常采用式(6-2)计算。

$$\text{伤害率}(\%) = (1 - \frac{1 - T_1/T_2}{C_1/C_2}) \times 100 \tag{6-2}$$

式中　C_1——对照叶片杀死前外渗液的电导率值；

C_2——对照叶片杀死后外渗液的电导率值；

T_1——处理叶片杀死前外渗液的电导率值；

T_2——处理叶片杀死后外渗液的电导率值。

2. 紫外分光光度计法结果计算与分析

$$\text{细胞膜相对透性}(\%) = \frac{A_{260}^{(1)}}{A_{260}^{(1)} + A_{260}^{(2)}} \times 100 \tag{6-3}$$

式中　$A_{260}^{(1)}$——叶片杀死前外渗液吸光率值；

$A_{260}^{(2)}$——叶片杀死后外渗液吸光率值。

【注意事项】

1. 所有器皿和材料必须清洗干净。

2. 真空泵抽气结束后先缓慢放气再断电。

3. 电极轻拿轻放。

【思考题】

1. 测定细胞膜透性能够解决什么理论和实践问题？

2. 在测定电导率时为什么用无离子水浸泡样品？

3. 为什么电极在每次测定之后都要用无离子水洗净并吸干？

4. 样品浸入无离子水后为什么要先抽真空然后再测定？

（时翠平）

实验二 植物体内丙二醛含量的测定

【实验目的】

植物在衰老或逆境条件下往往发生膜脂过氧化作用，丙二醛（MDA）是膜脂过氧化的最终分解产物，其含量与植物衰老及逆境伤害程度有密切关系。通过实验，要求掌握植物体内丙二醛含量测定的原理及方法，了解丙二醛积累的原因及对细胞的伤害。

【实验原理】

测定植物体内丙二醛含量，通常利用硫代巴比妥酸（TBA）在酸性和高温条件下与植物组织中的丙二醛产生显色反应，生成红棕色的三甲川（3,5,5-三甲基恶唑2,4-二酮），三甲川在532 nm处有最大光吸收，根据朗伯—比尔定律，通过测定吸光度值可计算出吸光物质的浓度。

但是测定植物组织中丙二醛含量时受多种物质的干扰，其中最主要的是可溶性糖，糖与硫代巴比妥酸显色反应产物的最大吸收波长在450 nm处，在532 nm处也有吸收。植物遭受干旱、高温、低温等逆境胁迫时可溶性糖含量增加，因此测定植物组织中丙二醛与硫代巴比妥酸反应产物含量时一定要排除可溶性糖的干扰。此外，在600 nm波长处还有非特异的背景吸收的影响，也需加以排除。

因此，对反应物分别在532 nm、450 nm和600 nm波长处测定吸光度值，根据各相关物质的比吸收系数，利用双组分分光光度计法计算植物样品提取液中MDA的浓度，然后进一步计算出其在植物组织中的含量。

【实验条件】

1．材料

衰老或逆境条件下的植物根或叶片。

2．试剂

（1）10%三氯乙酸（TCA）；

（2）0.6%硫代巴比妥酸（TBA）溶液：称取硫代巴比妥酸0.6 g，先加少量的氢氧化钠（1 mol·L^{-1}）溶解，再用10% TCA定容至100 mL。

3．仪器用具

离心机，紫外可见分光光度计，分析天平，恒温水浴锅，研钵，试管，离心管（10 mL），移液管（1 mL、5 mL），剪刀等。

【方法步骤】

1. 丙二醛的提取

称取逆境胁迫或衰老的植物材料 1g，剪碎，加入 2mL 10% 三氯乙酸和少量石英砂，研磨至匀浆，再加 8mL 10% 三氯乙酸进一步研磨，匀浆转移到 10 mL 离心管中，以 4000 rpm 离心 10 min，其上清液为丙二醛提取液。

2. 显色反应及测定

取 4 支干净试管，编号，3 支为样品管(三个重复)，各加入提取液 2 mL，1 支为对照管，加蒸馏水 2 mL，然后各管再加入 2 mL 0.6% 硫代巴比妥酸溶液，摇匀。混合液在沸水浴中反应 10 min(自试管内溶液中出现小气泡开始计时)，取出试管并迅速冷却，4000 rpm 离心 10 min，取上清液分别在 532 nm、450 nm 和 600 nm 波长下测定吸光度(A)值。

【结果与分析】

按双组分分光光度法原理，当某一溶液中有数种吸光物质时，某一波长下的吸光度值等于此混合液在该波长下各显色物质的吸光度值之和。已知蔗糖 - TBA 反应产物在 450 nm 和 532 nm 波长下的摩尔比吸收系数分别为 85.40 和 7.40，MDA-TBA 显色反应产物在 450 nm 和 532 nm 波长下的摩尔比吸收系数分别为 0 和 155。根据朗伯—比尔定律：$A = kCL$，当 L 即液层厚度为 1 cm 时，可建立以下方程组：

$$\begin{cases} A_{450} = 85.40 \times C_{糖} \\ (A_{532} - A_{600}) = 155 \times C_{MDA} + 7.40 \times C_{糖} \end{cases}$$

解方程组得：

$$C_{糖} = \frac{A_{450}}{85.40} = 11.71A_{450}(\text{mmol} \cdot \text{L}^{-1})$$

$$C_{MDA} = 6.45(A_{532} - A_{600}) - 0.56A_{450}(\mu\text{mol} \cdot \text{L}^{-1})$$

式中　A_{450}，A_{532}，A_{600}——在 450 nm、532 nm、600 nm 波长下测得的吸光度值

$C_{糖}$，C_{MDA}——反应混合液中可溶性糖、MDA 的浓度。

$$\text{MDA 含量}(\mu\text{mol} \cdot \text{g}^{-1}\text{FW}) = \frac{\text{提取液中 MDA 浓度}(\mu\text{mol} \cdot \text{L}^{-1}) \times \text{提取液体积(mL)}}{\text{植物组织鲜重(g)} \times 1000} \quad (6\text{-}4)$$

【注意事项】

1. MDA-TBA 显色反应的加热时间，最好控制沸水浴 10 ~ 15 min 之间。时间太短或太长均会引起 532 nm 下的光吸收值下降。

2. 如待测液浑浊，可适当增加离心力及时间，最好使用低温离心机离心。

3. 低浓度的铁离子能增强 MDA 与 TBA 的显色反应，当植物组织中铁离子浓度过低时应补充 Fe^{3+}(最终浓度为 0.5 nmol · L^{-1})。

【思考题】

1. 通过丙二醛含量测定能够解决哪些理论和实际问题？

2. 为什么丙二醛反应液加热时间过长会影响测定结果？

3. 用什么办法消除可溶性糖对丙二醛含量测定的影响？

4. 为什么要测定反应液在600nm下的吸光度值?

5. 正常生长与衰老植物相比丙二醛含量会有什么变化?分析其原因。

(路文静)

实验三 植物体内游离脯氨酸含量的测定

【实验目的】

植物在正常条件下，游离脯氨酸含量很低，但在逆境条件下(旱、热、冷、冻、盐碱等)，植物体内游离脯氨酸便会大量积累，并且积累指数与植物的抗逆性有关。因此，脯氨酸含量可作为植物抗逆性的一项生理指标。通过本实验，要求掌握脯氨酸含量测定的原理和方法，为植物的抗逆性鉴定奠定基础。

【实验原理】

磺基水杨酸对脯氨酸有特定反应，当用磺基水杨酸提取植物样品时，脯氨酸便游离于磺基水杨酸溶液中。然后用酸性茚三酮加热处理后，茚三酮与脯氨酸反应，生成稳定的红色产物，用甲苯萃取后，此产物在波长520 nm处有一最大吸收峰。脯氨酸浓度的高低在一定范围内与其吸光度值成正比。在波长520 nm处测定其吸光度值，即可从标准曲线上查出脯氨酸的含量。

采用磺基水杨酸提取植物体内的游离脯氨酸，不仅大大减小了其他氨基酸的干扰，快速简便，而且不受样品状态(干或鲜样)限制。

【实验条件】

1. 材料

植物叶片。

2. 试剂及配制

(1)2.5%酸性茚三酮显色液，3%磺基水杨酸水溶液，冰醋酸，甲苯。

(2)2.5%酸性茚三酮溶液配制：将1.25g茚三酮溶于30 mL冰醋酸和20 mL 6mol·L^{-1}磷酸中，搅拌加热(70 ℃)溶解，贮于4 ℃冰箱中。

(3)3%磺基水杨酸配制：3 g磺基水杨酸加蒸馏水溶解后定容至100 mL。

(4)10 μg·mL^{-1}脯氨酸标准液配制：精确称取20 mg脯氨酸，倒入小烧杯内，用少量蒸馏水溶解，再倒入200 mL容量瓶中，加蒸馏水定容至刻度，为100 μg·mL^{-1}脯氨酸母液，再吸取该溶液10 mL，加蒸馏水稀释定容至100 mL，即为10 μg·mL^{-1}脯氨酸标准液。

3. 仪器用具

分光光度计，恒温水浴锅，电子分析天平，小烧杯，容量瓶，普通试管，具塞试管，移液管，注射器，漏斗，漏斗架，滤纸，洗耳球，剪刀等。

【方法步骤】

1. 脯氨酸标准曲线的制作

(1)取7支具塞试管，编号，按表6-1配制每管含量为0～12 μg的脯氨酸标准液。加入表6-1试剂后，置于沸水浴中加热30 min。取出冷却，各试管再加入4 mL甲苯，振荡30 s，静置片刻，使色素全部转至甲苯溶液。

表6-1 脯氨酸标准液的配制

试 剂	试管号						
	0	1	2	3	4	5	6
$10\mu g \cdot mL^{-1}$脯氨酸标准液(mL)	0	0.2	0.4	0.6	0.8	1.0	1.2
蒸馏水(mL)	2	1.8	1.6	1.4	1.2	1.0	0.8
冰醋酸(mL)	2	2	2	2	2	2	2
2.5%酸性茚三酮(mL)	2	2	2	2	2	2	2
每管脯氨酸含量(μg)	0	2	4	6	8	10	12

(2)用注射器轻轻吸取各管上层脯氨酸甲苯溶液至比色杯中，以甲苯溶液为空白对照，在波长520 nm处测定吸光度值。

(3)标准曲线的绘制：以各管脯氨酸含量为横坐标，吸光度值为纵坐标，绘制标准曲线。

2. 样品的测定

(1)脯氨酸的提取：称取不同处理的植物叶片各0.5 g，剪碎，分别置于具塞试管中，然后向各管分别加入5 mL 3%的磺基水杨酸溶液，在沸水浴中提取10 min(提取过程中要经常摇动)，冷却后过滤于干净试管中，滤液即为脯氨酸提取液。

(2)脯氨酸的测定：吸取2 mL提取液于具塞试管中，加入2 mL冰醋酸及2 mL 2.5%酸性茚三酮试剂，在沸水浴中加热30 min，溶液即呈红色。冷却后加入4 mL甲苯，摇荡30 s，静置片刻，取上层液至10 mL离心管中，3000 rpm离心5 min。

用吸管轻轻吸取上层脯氨酸红色甲苯溶液于比色杯中，以甲苯溶液为空白对照，在波长520 mm处测定吸光度值。

【结果与分析】

从标准曲线上查出样品测定液中脯氨酸的含量，按式(6-5)计算样品中脯氨酸含量。

$$\text{脯氨酸含量}(\mu g \cdot g^{-1}FW) = \frac{X \times \text{提取液总量}(mL)}{\text{样品鲜重}(g) \times \text{测定时提取液量}(mL)} \tag{6-5}$$

式中 X ——从标准曲线中查得的脯氨酸含量(μg)。

【注意事项】

1. 配制的酸性茚三酮溶液仅在24 h内稳定，因此最好现用现配。
2. pH值对测定结果有影响，用醋酸作为酸性条件效果较好。
3. 试剂添加按要求次序进行。

【思考题】

进行植物体内脯氨酸含量测定有何意义?

(周彦珍)

实验四 植物超氧阴离子自由基含量的测定

【实验目的】

加深认识O_2^{-}导致的植物氧化损伤；掌握测定O_2^{-}含量的原理和方法。

【实验原理】

生物体内的分子氧可以经过单电子还原转变为超氧阴离子自由基(O_2^{-})。O_2^{-}既可直接作用于蛋白质和核酸等生物大分子，也可以衍生为羟自由基(·OH)、单线态氧($^1O_2$)、过氧化氢(H_2O_2)及脂质过氧化物自由基(RO·、ROO·)等对细胞结构和功能具有破坏作用的活性氧。通常，逆境条件下，O_2^{-}产生的几率更大。

利用羟胺氧化的方法可以检测生物系统中O_2^{-}含量。O_2^{-}与羟胺反应生成NO_2^-，NO_2^-在氨基苯磺酸和α-萘胺作用下，反应生成粉红色的偶氮物质对-苯磺酸-偶氮-α-萘胺，其关系式为

$$2O_2^{-} \sim NO_2^{-} \sim HOO_2S-C_6H_4-N_2C_{10}H_6 \cdot NH_2$$

该偶氮物质在波长530 nm处有显著光吸收。根据NO_2^-反应的标准曲线将A_{530}换算成NO_2^-浓度，再依据上述关系式即可计算出O_2^{-}浓度。

【实验条件】

1. 材料

正常生长或逆境处理的大豆、绿豆、玉米等植物新鲜组织的叶片。

2. 试剂

(1)65 $mmol \cdot L^{-1}$磷酸缓冲液(pH 7.8)。

(2)17 $mmol \cdot L^{-1}$对氨基苯磺酸：按冰醋酸:水=3:1比例配制。

(3)7 $mmol \cdot L^{-1}$ α-萘胺：按冰醋酸:水=3:1比例配制。

(4)10 $mmol \cdot L^{-1}$ HCl羟胺。

(5)100 $\mu mol \cdot L^{-1}$ $NaNO_2$标准液：先用蒸馏水配制10 $mmol \cdot L^{-1}$ 100 mL，再取1 mL该溶液，稀释至100 mL，即为100 $\mu mol \cdot L^{-1}$ $NaNO_2$标准液。

3. 仪器用具

高速冷冻离心机，分光光度计，分析天平，恒温水浴锅，研钵，容量瓶，试管，移液管(1 mL、5 mL)，离心管。

【方法步骤】

(1)制作标准曲线：取7支试管，编号，按表6-2分别加入试剂，并摇匀。

表 6-2　$NaNO_2$ 系列标准液的配制

试　剂	试管号						
	0	1	2	3	4	5	6
100μmol · L^{-1} $NaNO_2$ 的标准液(mL)	0	0.1	0.2	0.3	0.4	0.5	0.6
蒸馏水(mL)	2.0	1.9	1.8	1.7	1.6	1.5	1.4
17 mmol · L^{-1} 对氨基苯磺酸(mL)	1.0	1.0	1.0	1.0	1.0	1.0	1.0
7 mmol · L^{-1} α-萘胺试剂(mL)	1.0	1.0	1.0	1.0	1.0	1.0	1.0
每管 NO_2^- 含量(μmol)	0	0.01	0.02	0.03	0.04	0.05	0.06

加完试剂后将试管置 30 ℃水浴保温 30 min，以 0 号管为参比调零，然后测定 A_{530}，以 NO_2^- 物质的量和测定的 A_{530} 值互为函数作图，制作标准曲线。

(2)$O_2^{\cdot}$ 的提取：取待测样品 1～2 g 于研钵中，加入 3 mL 65 mmol · L^{-1} 磷酸缓冲液(pH 7.8)冰浴条件下研磨匀浆，然后经 10 000 rpm 离心 10 min，收集上清液，测定样品提取液总体积。

(3)$O_2^{\cdot}$ 的测定：取样品提取液 0.5 mL，加入 0.5 mL 65 mmol · L^{-1} 磷酸缓冲液和 1 mL 10 mmol · L^{-1} HCl 羟胺，摇匀后置 25 ℃恒温水浴保温 20 min。然后再加入 17 mmol · L^{-1} 对氨基苯磺酸 1 mL 和7 mmol · L^{-1} α-萘胺 1 mL，30 ℃恒温水浴中保温反应 30 min。同样以制作标准曲线时的 0 号管调零，测定显色液 A_{530}。

【结果与分析】

从标准曲线上查出样品测定液对应 NO_2^- 的物质的量，按下式计算 $O_2^{\cdot}$ 含量。

$$O_2^{\cdot}\text{含量}(\mu mol \cdot g^{-1} FW) = \frac{2n \times V}{V_s \times W} \tag{6-6}$$

式中　n——由标准曲线查得的 NO_2^- 物质的量；

V——样品提取液的总体积(mL)；

V_s——显色反应时吸取样品液体积(mL)；

W——样品鲜重(g)；

2——NO_2^- 与 $O_2^{\cdot}$ 间的化学计量数。

【注意事项】

1. 如果样品含有大量叶绿素将干扰测定，可在样品与羟胺反应后用等体积乙醚萃取叶绿素，然后再进行显色反应。

2. 介质尽量减少 Fe 和 $O_2^{\cdot}$ 的存在，α-萘胺不能用 β-萘胺代替。

【思考题】

1. 植物体内哪些过程可生成 $O_2^{\cdot}$？

2. 本实验设置对照可以消除哪些影响因素？

（王文斌）

实验五 植物抗氧化酶SOD、POD、CAT的活性测定

【实验目的】

通过本试验学习分光光度计法测定过氧化物酶、过氧化氢酶、超氧化物歧化酶的活性。

【实验原理】

(1)过氧化物酶(POD)活性测定采用氧化愈创木酚法。过氧化物酶催化过氧化氢将愈创木酚(邻甲氧基苯酚)氧化(4-邻甲氧基苯酚)呈茶褐色，该产物在波长470 nm处有最大吸收值，因此可通过测波长470 nm下的吸光度值变化来测定过氧化物酶的活性。

(2)过氧化氢酶(CAT)可催化过氧化氢(H_2O_2)分解为水和分子氧，从而减轻H_2O_2对组织的氧化伤害。过氧化氢在波长240 nm处具有吸收峰，利用紫外分光光度计可以检测H_2O_2含量的变化。根据反应过程中H_2O_2的消耗量可测定过氧化氢酶的活性。

(3)超氧化物歧化酶(SOD)是含金属辅基的酶，高等植物中有Mn-SOD和Cu/Zn-SOD。SOD能够清除超氧阴离子自由基，从而减少自由基对植物的毒害。SOD能通过歧化反应催化细胞中的超氧阴离子自由基和氢离子，生成H_2O_2和O_2。H_2O_2再由CAT进一步催化生成H_2O和O_2。由于超氧阴离子自由基非常不稳定，寿命极短，常利用间接方法测定SOD活性。本试验采用氮蓝四唑(NBT)光还原法。核黄素在光下被有氧化物质还原后，在有氧条件下氧化产生超氧阴离子自由基，超氧阴离子自由基在光下将氮蓝四唑(NBT)还原为蓝色的甲腙，甲腙在波长560 nm处有最大吸收峰；SOD可清除超氧阴离子自由基而抑制了NBT的光还原反应，使甲腙生成速度减慢；反应液蓝色越深，吸光度值越大，SOD活性越低；反之，SOD活性越高，即酶活性与吸光度值成反比关系。抑制NBT光还原相对百分率与酶活性在一定范围内呈正相关关系，据此可计算出酶活性的大小。通常将抑制50%的NBT光还原反应时所需的酶量作为一个酶活性单位。

【实验条件】

1. 材料

苹果、番茄、桃、李子等果实。

2. 试剂

(1)100 mmol·L^{-1} pH 7.8的磷酸氢二钠—磷酸二氢钠缓冲液(100 mmol·L^{-1} pH 7.8的PBS)：取A液(0.1 mol·L^{-1} Na_2HPO_4，即取17.91 g Na_2HPO_4用少量蒸馏水溶解后定容至500 mL)457.5 mL，取B液(0.1 mol·L^{-1} NaH_2PO_4，即取3.9 g NaH_2PO_4溶解后定容至250 mL)42.5 mL，混匀成500 mL，贮于4 ℃冰箱中保存。

(2)50 mmol·L^{-1} pH 7.8的磷酸氢二钠—磷酸二氢钠缓冲液：将100 mmol·L^{-1} pH 7.8的磷酸氢二钠—磷酸二氢钠缓冲液稀释一倍。

(3)130 mmol·L^{-1}甲硫氨酸(Met)溶液：称取1.939 9 g甲硫氨酸用50 mmol·L^{-1} pH 7.8的磷酸氢二钠—磷酸二氢钠缓冲液溶解后定容至100 mL棕色容量瓶中。贮于4 ℃冰箱中保

存，可用 1 ~ 2 d。

(4)750 μmol · L^{-1}氮蓝四唑溶液：称取 0.061 3 g 氮蓝四唑，用 50 mmol · L^{-1} pH 7.8 的磷酸氢二钠—磷酸二氢钠缓冲液溶解后定容至 100 mL 棕色容量瓶中。贮于 4 ℃冰箱中保存，可用 2 ~ 3 d。

(5)100 μmol · L^{-1}乙二胺四乙酸二钠($EDTA\text{-}Na_2$)溶液：称取 0.037 2 g 乙二胺四乙酸二钠用 50 mmol · L^{-1} pH 7.8 的磷酸氢二钠—磷酸二氢钠缓冲液溶解后定容至 100 mL 棕色容量瓶中，使用时稀释 100 倍，即为 1 μmol · L^{-1}乙二胺四乙酸二钠溶液。贮于 4 ℃冰箱中保存，可用 8 ~ 10 d。

(6)20 μmol · L^{-1}核黄素溶液：称取 0.075 3 g 核黄素用 50 mmol · L^{-1} pH 7.8 的磷酸氢二钠—磷酸二氢钠缓冲液溶解后定容至 100 mL 棕色容量瓶中(用黑纸包瓶)。使用时稀释 100 倍，即为 0.2 μmol · L^{-1}核黄素溶液，现用现配。

(7)20 mmol · L^{-1}过氧化氢溶液：量取 227 μL 30% 的过氧化氢，用 50 mmol · L^{-1} pH 7.8 的磷酸氢二钠—磷酸二氢钠磷酸缓冲液溶解后定容至 100 mL 棕色容量瓶中。

(8)25 mmol · L^{-1}愈创木酚溶液：量取 320 μL 愈创木酚，用 50 mmo · L^{-1} pH 7.8 的磷酸氢二钠—磷酸二氢钠磷酸缓冲液定容至 100 mL 棕色容量瓶中，现用现配。

(9)250 mmol · L^{-1}过氧化氢溶液：量取 2.84 mL 30% 的过氧化氢，用 50 mmol · L^{-1} pH 7.8 的磷酸氢二钠—磷酸二氢钠磷酸缓冲液溶解后定容至 100 mL 棕色容量瓶中，现用现配。

3. 仪器用具

量筒(10 mL、50 mL、100 mL、250 mL、500 mL)，棕色容量瓶(100 mL)，烧杯，玻璃棒，电子天平(感量 0.000 1)，药匙，研钵，试管(10 mL、20 mL)，高速冷冻离心机，紫外可见分光光度计，计时器，离心管(10 mL)，日光灯，移液器(10 ~ 100 μL、100 ~ 1000 μL)，冰箱，试剂瓶(500 mL)，玻璃比色杯和石英比色杯，记号笔。

【方法步骤】

1. 粗酶液的提取

准确称取果肉样品 3.0 g，放到 4 ℃预冷的研钵中，往研钵中加入 4 ℃预冷的 50 mmol · L^{-1} pH7.8 磷酸氢二钠—磷酸二氢钠磷酸缓冲液 1 mL，低温研至匀浆后转移到离心管中，再用 3 mL 磷酸氢二钠—磷酸二氢钠磷酸缓冲液冲洗研钵并转入离心管，4 ℃、10 000 rpm 离心 20 min，上清液为粗酶液。

2. 过氧化氢酶活性的测定

取 20 mmol · L^{-1}过氧化氢溶液 3 mL 加入到 10 mL 试管中，加入 50 μL 粗酶液并迅速混匀后转移至石英比色杯，在波长 240 nm 处测定吸光度值 A，连续测定 1 ~ 3 min，记录初始值($A_{初}$)和终止值($A_{终}$)。

3. 超氧化物歧化酶活性的测定

酶反应体系加样次序为：50 mmol · L^{-1} pH 7.8 的磷酸氢二钠—磷酸二氢钠磷酸缓冲液 1.5 mL、130 mmol · L^{-1}甲硫氨酸溶液 0.3 mL、750 μmol · L^{-1}氮蓝四唑溶液 0.3 mL、1 μmol · L^{-1}乙二胺四乙酸二钠溶液 0.3 mL、0. 2 μmol · L^{-1}核黄素溶液 0.3 mL、酶液 0.1 mL、蒸馏水 0.2 mL，在 20 mL 玻璃试管中充分混匀后，将试管在 4000 Lux 光下反应 3 ~ 10 min。其中设 2 支试管作为对照(用蒸馏水代替酶液)，混匀后将一支对照试管置于暗处，另一支对照试管和其他加酶液试管一起置于日光灯下反应3~10 min，反应结束后立即避光。以不照光对照管作为空白参比，在波长560 nm处测定吸光度值。

4. 过氧化氢酶活性的测定

反应体系加样次序依次为：25 mmol·L^{-1}愈创木酚溶液3 mL、250 mmol·L^{-1}过氧化氢溶液0.2 mL、0.1 mL酶液，从加入酶液30 s开始记录每30 s反应体系在波长470 nm处的吸光度值，连续测定10 min。

【结果与分析】

1. 过氧化氢酶活性的计算

(1)数据记录：将测定结果记录于表6-3中。

表6-3 过氧化氢酶活性测定结果

重复次数	样品质量 W(g)	提取液体积 V(mL)	吸取样品液体积 V_s(mL)	样品中过氧化氢酶活性 (ΔA_{240}·min^{-1}·g^{-1} FW)				
				$A_{始}$	$A_{终}$	ΔA	计算值	平均值
1								
2								
3								

(2)结果计算：以每克鲜重(FW)果实样品每分钟吸光度变化0.001为1个过氧化氢酶活性单位。计算公式如下：

$$过氧化氢酶活性(U)=\frac{\Delta A_{240}\times V}{0.001\times t\times V_s\times W} \quad (6\text{-}7)$$

式中 ΔA_{240}——反应混合液的吸光度变化值($A_{始}-A_{终}$)；

t——酶促反应时间(min)；

V——样品提取液总体积(mL)；

V_s——测定时所取样品提取液体积(mL)；

W——样品质量(g)。

2. 超氧化物歧化酶活性的计算

(1)数据记录：将测定结果记录于表6-4中。

表6-4 超氧化物歧化酶活性测定结果

重复次数	样品质量 W(g)	提取液体积 V(mL)	吸取样品液体积 V_s(mL)	波长560 nm处吸光度值		样品中超氧化物歧化酶活性(U)	
				$A_{对照}$	$A_{样品}$	计算值	平均值
1							
2							
3							

(2)结果计算：以每分钟每克鲜重(FW)果实样品的反应体系对氮蓝四唑光还原的抑制为50%时为一个超氧化物歧化酶活性单位表示。

$$\text{SOD 活性} = \frac{(A_c - A_s) \times V}{0.5 \times A_c \times V_s \times t \times W} \tag{6-8}$$

式中　A_c——照光对照管反应液的吸光度值；

A_s——样品管反应液的吸光度值；

V——样品提取液总体积(mL)；

V_s——测定时所取样品提取液体积(mL)；

t——光照反应时间(min)；

W——样品质量(g)。

3. 过氧化物酶活性的计算

(1)数据记录：将测定结果记录于表 6-5 中。

表 6-5　过氧化氢酶活性测定结果

重复次数	样品质量 W (g)	提取液体积 V(mL)	吸取样品液体积 V_s(mL)	样品中过氧化氢酶活性 ($\Delta A_{240} \cdot min^{-1} \cdot g^{-1}$ FW)				
				$A_{始}$	$A_{终}$	ΔA	计算值	平均值
1								
2								
3								

(2)结果计算：以每克鲜重(FW)果实样品每分钟吸光度变化值增加 0.001 时为 1 个过氧化物酶活性单位。计算公式如下：

$$\text{过氧化物酶活性} = \frac{\Delta A_{470} \times V}{0.001 \times t \times V_s \times W} \tag{6-9}$$

式中　ΔA_{470}——反应混合液的吸光度变化值(A_{470})；

t——酶促反应时间(min)；

V——样品提取液总体积(mL)；

V_s——测定时所取样品提取液体积(mL)；

W——样品质量(g)。

【注意事项】

1. 研磨样品过程保持低温且动作迅速。

2. 核黄素溶液呈悬浊液，因此每次量取之前应将溶液混匀。

3. 过氧化氢见光易分解，需避光保存；而且具强腐蚀性，所以量取时戴手套，切勿溅到皮肤上。

4. 测超氧化物歧化酶活性时，加各溶液后一定要混匀，以免造成反应不充分。

5. 测过氧化氢酶活性时，要充分混匀后再倒入比色杯中测定初始吸光度值。

【思考题】

1. 过高的过氧化氢浓度会对过氧化氢酶活性有何影响？

2. 在超氧化物歧化酶测定中设照光和黑暗两个对照管的目的是什么？

（顾玉红）

第 7 篇

综合设计实验

实验一 植物溶液培养与缺素症的观察

【实验目的】

研究植物矿质营养培养的方法，观察植物在缺乏 N、P、K、Ca、Mg、Fe 等矿质元素时的生理病症及可再利用元素和不可再利用元素缺乏时首先的发病部位，为合理施肥提供诊断指标。

【实验原理】

当植物有某些必需的矿质元素的适量供应时，才能正常的生长发育，如缺少某一元素，便表现出缺素症，把这些必需的矿质元素用适当的无机盐配成营养液，即能使植物正常生长，这就是溶液培养。

【实验条件】

1. 材料

大豆(玉米、番茄)种子。

2. 试剂

硝酸钾，硫酸镁，磷酸二氢钾，硫酸钾，硫酸钠，磷酸二氢钠，硝酸钠，硝酸钙，氯化钙，硫酸亚铁，硼酸，氯化锰，硫酸铜，硫酸锌，钼酸，盐酸，乙二胺四乙酸二钠(EDTA-Na_2)。

3. 仪器用具

烧杯(250 mL、500 mL 各 1 个)，刻度吸管(5 mL 10 支、1 mL 1 支)，量筒(1000 mL 1 个)，黑色蜡光纸适量，精密 pH 试纸(pH5~6)或广泛 pH 指示剂；带盖瓷盘(1 个)，石英砂适量，培养瓶(陶质盆或塑料广口瓶)(8 个)，试剂瓶(500 mL 11 个)。

【方法步骤】

1. 培苗

用装入一定量的石英砂或洁净的河沙，将已浸种一夜的玉米(或大豆、番茄等)种子均匀地排列在沙面上，再覆盖一层石英砂，保持湿润，然后放置在温暖处发芽。当第一片真叶完全展开后，选择生长一致的幼苗，小心地移植出来待用，移植时注意勿损伤根系。

2. 配制贮备液

按表 7-1 配制大量元素及铁盐的贮备液。

表 7-1　大量元素及铁盐贮备液配制表

营养盐	浓度($g\cdot L^{-1}$)	营养盐	浓度($g\cdot L^{-1}$)
$Ca(NO_3)_2\cdot 4H_2O$	236	$CaCl_2$	111
KNO_3	102	NaH_2PO_4	24
$MgSO_4\cdot 7H_2O$	98	$NaNO_3$	170
KH_2PO_4	27	Na_2SO_4	21
K_2SO_4	88	EDTA-Fe { EDTA-Na_2	7.45
		EDTA-Fe { $FeSO_4$	5.57

微量元素贮备液按以下配方配制：

称取 H_3BO_4 2.86 g；$MnCl_2\cdot 4H_2O$ 1.81 g；$CuSO_4\cdot 5H_2O$ 0.08 g；$ZnSO_4\cdot 7H_2O$ 0.22 g；$H_2MoO_4\cdot H_2O$ 0.09 g，溶于蒸馏水，定容至 1 L。

3. 缺素培养液的配制

按表 7-2 进行缺素培养液的配制。

表 7-2　缺素培养液配制表

贮备液	每 100 mL 培养液中各种贮备液的用量(mL)，用去离子水配制						
	完全	缺 N	缺 P	缺 K	缺 Ca	缺 Mg	缺 Fe
$Ca(NO_3)_2$	0.5	—	0.5	0.5	—	0.5	0.5
KNO_3	0.5	—	0.5	—	0.5	0.5	0.5
$MgSO_4$	0.5	0.5	0.5	0.5	0.5	—	0.5
KH_2PO_4	0.5	0.5	—	—	0.5	0.5	0.5
K_2SO_4	—	0.5	0.1	—	—	—	—
$CaCl_2$	—	0.5	—	—	—	—	—
NaH_2PO_4	—	—	—	0.5	—	—	—
$NaNO_3$	—	—	—	0.5	0.5	—	—
Na_2SO_4	—	—	—	—	—	0.5	—
EDTA-Fe	0.5	0.5	0.5	0.5	0.5	0.5	—
微量元素	0.1	0.1	0.1	0.1	0.1	0.1	0.1

4. 植物培养

取 7 个 1000 mL 的塑料广口瓶，分别装入配制的完全培养液及各种缺素培养液 1000 mL，调 pH 6~7，贴上标签，注明日期。然后把各瓶用黑色蜡光纸或黑纸包起来(黑面向里)，或用报纸包三层，并用打孔器在瓶盖中间打三个圆孔，把选好的幼苗去掉胚乳，并用棉花缠裹住茎基部，小心地通过圆孔固定在瓶盖上，使整个根系浸入培养液中，每瓶放 3 株，装好后将培养瓶放在阳光充足、温度适宜(20~25 ℃)的地方，培养 3~4 周。

取苗时须小心勿伤根系，用蒸馏水把根冲净，并注意将幼苗上的胚乳小心剥离。

装好后将植物放在阳光充足的地方。

5. 观察植物表型

实验开始后每两天观察一次，注意记录缺乏必需元素时所表现的症状及最先出现症状的部位。培养液每周换1次，为使根部生长良好，最好在盖与溶液之间保留一定空隙，以利通气。将结果记录于表7-3中。

表7-3 植物生长及表型记录表

项目		处理																				
		完全			缺N			缺P			缺K			缺Ca			缺Mg			缺Fe		
		1	2	3	1	2	3	1	2	3	1	2	3	1	2	3	1	2	3	1	2	3
地上部	株高																					
	叶数																					
	叶色																					
	茎色																					
地下部	根数																					
	根长																					
	根色																					
	受害状况																					

【结果与分析】

根据表7-3记录结果分析植物缺少某种元素表现的特有症状及首先发病部位，分析元素是可再利用元素，还是不可再利用元素。

【注意事项】

1. 实验用容器需干洁以防污染。
2. 配缺素培养液时先在容器中加入适量蒸馏水，以防贮备液相互反应生成沉淀。
3. 加入贮备液时适时搅拌，所用移液管要单液单用，避免交叉污染。
4. 放幼苗时摘除胚乳。

【思考题】

1. 描述植物缺少N、P、K、Ca、Mg、Fe时的症状。
2. 植物缺少N、P、K、Ca、Mg、Fe时症状首先表现在什么部位？为什么？
3. 配制缺素培养液时为什么用无离子水？

（王凤茹）

实验二 植物组织培养

2.1 组织培养基母液的配制

【实验目的】

通过实验，培养学生良好的卫生习惯，树立组织培养的无菌意识；掌握组织培养实验室器皿的洗涤与灭菌方法，通过 MS 培养基母液的配制与保存，掌握配制与保存培养基母液的基本技能。

【实验原理】

母液指浓度较高的溶液。在实验中常用的培养基，可将其中的各种成分配成 10 倍、100 倍的母液，这样做有两点好处：一是可减少每次配制称量药品的麻烦；二是减少极微量药品在每次称量时造成的误差。

【实验条件】

1. 试剂

2%新洁尔灭，高锰酸钾，甲醛，70%和95%乙醇，洗涤剂，配制 MS 培养基母液所需要的药品，蒸馏水，0.1 $mol \cdot L^{-1}$的 NaOH，0.1 $mol \cdot L^{-1}$的 HCl。

2. 仪器用具

喷雾器，各种培养器皿，工作服，口罩，手套，标签纸，标签笔，称量纸，称量勺，玻璃棒，各类天平，烧杯，容量瓶，量筒，贮液瓶，冰箱。

【方法步骤】

1. 地面、墙壁和工作台的灭菌

将配好的2%新洁尔灭溶液倒入喷雾器中，对地面、墙壁、角落均匀地喷雾。在对房顶灭菌时，注意不要让药液滴入眼睛。

2. 无菌室和培养室的灭菌

首先将房子关闭，然后用 10 mL 甲醛和 5 g 高锰酸钾的配比液进行熏蒸。操作时要戴好口罩和手套，用甲醛与高锰酸钾配比时要注意避开烟雾。

3. 培养器皿的洗涤与灭菌

将培养器皿先用肥皂水或洗衣粉浸泡几小时，然后用清水冲洗，最后用蒸馏水冲一遍，烘干后备用。

4. 母液的配制

(1)母液 1 的配制：用电子天平称取下列药品，分别放入烧杯：NH_4NO_3 8.25 g、KNO_3 9.5 g、$MgSO_4 \cdot H_2O$ 1.85 g。用少量蒸馏水将药品分别溶解，然后依次混合，加蒸馏水定容至 1000 mL 成 5 倍液。

(2)母液 2 的配制：用电子天平称取 $CaCl_2 \cdot 2H_2O$ 22.0 g，加蒸馏水定容至 500 mL 成 100 倍液。

(3)母液 3 的配制：用电子天平称取 KH_2PO_4 8.5 g，加蒸馏水定容至 500 mL 成 100 倍液。

(4)母液 4 的配制：用电子天平称取下列药品，分别放入烧杯：EDTA－Na_2 1.85 g、$FeSO_4 \cdot 7H_2O$ 1.39 g。用少量蒸馏水将药品分别溶解后混合，加蒸馏水定容至 500 mL 成 100 倍液。

(5)母液 5 的配制：用电子天平称取下列药品，分别放入烧杯：H_3BO_3 0.31 g、KI 0.041 5 g、$NaMoO_4 \cdot 2H_2O$ 0.012 5 g、$MnSO_4 \cdot 4H_2O$ 1.115 g、$CuSO_4 \cdot 5H_2O$ 0.001 25 g、$ZnSO_4 \cdot 7H_2O$ 0.43 g、$CoCl_2 \cdot 6H_2O$ 0.001 25 g。用少量蒸馏水将药品分别溶解，然后依次混合，加蒸馏水定容至 500 mL成 100 倍液。

(6)母液 6 的配制：用电子天平称取下列药品，分别放入烧杯：肌醇 5.0 g、VB_6 0.025 g、甘氨酸 0.1 g、VB_1 0.005 g、烟酸 0.025 g。用少量蒸馏水将药品分别溶解后混合，加蒸馏水定容至500 mL成100倍液。

(7)母液7的配制：用电子天平称取生长素或细胞分裂素50～100 mg，生长素用95%的酒精或0.1 mol·L^{-1}的NaOH溶解，细胞分裂素用0.1 mol·L^{-1}HCl加热溶解，加蒸馏水定容至100 mL配制成0.5～1.0 mg·mL^{-1}的溶液。

5. 母液的保存

将配制好的母液分别倒入瓶中，贴好标签，注明培养基名称、母液倍数、配制人与配制日期，贮于4 ℃冰箱中备用。

【注意事项】

(1)如药品所带结晶水不同，应进行换算。

(2)MS培养基中硝酸铵(NH_4NO_3)属于公安部门严格限制管理的药品。

2.2 培养基的配制

【实验目的】

掌握组织培养基由母液配制工作液的方法；通过MS培养基的消毒灭菌，掌握高压灭菌锅的使用方法。

【实验原理】

高压蒸汽灭菌是将待灭菌的物品放在一个密闭的加压灭菌锅内，通过加热，使灭菌锅隔套间的水沸腾而产生蒸汽，待水蒸气急剧地将锅内的冷空气从排气阀中驱尽，然后关闭排气阀，继续加热，此时由于蒸汽不能溢出，而增加了灭菌器内的压力，从而使沸点增高，得到高于100 ℃的温度。导致菌体蛋白质凝固变性而达到灭菌的目的。

【实验条件】

1. 试剂

MS培养基母液(按2.1方法配制)，蒸馏水，0.1 mol·L^{-1}的NaOH，0.1 mol·L^{-1}的HCl，琼脂粉，蔗糖。

2. 仪器用具

培养器皿，工作服，口罩，手套，pH试纸或酸度计，标签纸，标签笔，称量纸，称量勺，玻璃棒，各类天平，烧杯，容量瓶，量筒，电炉，高压灭菌锅。

【方法步骤】

(1)量取所配培养基总体积2/3体积的蒸馏水，如要配1 L培养基，先量取约700 mL体积的水。

(2)根据表7-4培养基配方，用量筒量取所需要的各种元素的母液。

表7-4 培养基配制

物 质	加入体积或质量
母液1(5×)	200 mL
母液2～母液6(100×)	各10 mL
蔗糖	40 g
琼脂	8 g

(3)调节培养基的 pH 值：培养基的 pH 按照培养材料的要求分别用 1 mol · L^{-1} NaOH 溶液、1 mol · L^{-1} HCl 溶液来调节，一般培养基的 pH 值约为 5.8。

(4)分装：将配制好的培养基分别装在事先洗净的培养瓶中，每瓶培养基厚度约为 1.5～2 cm，封口，注明标签。

(5)培养基的灭菌：一般用全自动高压灭菌锅灭菌(具体过程略)。

(6)培养基的保存：消毒过的培养基通常放在接种室或培养室中保存，一般应在消毒后的两周内用完，最好不要超过 1 个月。

【注意事项】

1. 吸取母液时，注意应先将几种母液按顺序排好，不要弄错以免使培养基中药品成分发生改变。

2. 加入一种母液后应先搅拌均匀，避免因不匀而使局部浓度过高而引起沉淀。

3. 琼脂可于加入蔗糖调节 pH 后再加入，此时应注意搅拌，以免琼脂或蔗糖沉淀于烧杯底而炭化。加热至沸腾，以使琼脂充分溶解，检查时可注意烧杯内溶液是否透明。

4. 激素应在调节 pH 之前加入，由于激素是用酸或碱溶解的，在调节好 pH 之后加入会改变 pH。

5. pH 过酸或过碱会导致培养基过软或过硬的结果，从而影响培养质量。

6. 高压灭菌过程会使得 pH 下降，所以要做预实验确定 pH 的下降幅度，从而确定高压灭菌前的培养基 pH。

7. 在培养不同的外植体时，应加入不同的激素母液 7。

2.3　兰花茎段的离体快繁

【实验目的】

掌握兰花茎段的离体快繁的方法。

【实验原理】

植物离体快繁又称植物试管高效快繁技术，是一种新的植物克隆技术，是利用植物细胞全能性的原理，获得许多植物组培试管培养的 3 mm 至 1 cm 长的微型繁殖材料单位(包括叶、芽)的过程。

【实验条件】

1. 材料

兰花嫩枝。

2. 试剂

含 1～3 mg · L^{-1} ZAA 的 MS 培养基，无菌水，70% 酒精，次氯酸钠。

3. 仪器用具

超净工作台，灭菌锅，剪刀，长镊子，烧杯(500 mL)，培养皿，移液管，酒精灯，滤纸，酒精棉球。

【方法步骤】

1. 外植体灭菌

取兰花枝条，去掉大的叶片，剪取带腋芽的节结，用肥皂水(或洗洁精)清洗表面，再用自来水冲洗30~60 min，然后在无菌室(超净工作台)内用70%酒精浸没20~40 s。用10%的次氯酸钠溶液浸泡10~15 min，再用无菌水冲洗3~4次，放入已灭菌的培养皿中的滤纸上待用。

2. 接种

(1)无菌室内消毒：用紫外灯照射30~45 min，紫外灯关闭约20 min后方可进去工作。

(2)超净工作台消毒：开启无菌风开关，让无菌风吹上30~45 min后方可工作。并用70%的酒精棉球擦净工作台。

(3)接种：先点燃酒精灯，镊子和剪刀都要先浸泡在70%的酒精溶液中。用酒精灯上灼烧好冷却后的镊子、剪刀取出一个侧芽或小段茎(含腋芽)，迅速打开培养瓶口，将材料插入瓶内，注意材料上下端的极性，不能倒插。在酒精灯边迅速封口。用记号笔在瓶体上注明日期和材料。

3. 培养条件

温度25 ℃，每天光照13 h，光照强度1000 Lux。

【注意事项】

1. 根据材料的木质化程度掌握具体的酒精和次氯酸钠消毒时间。

2. 接种过程中的关键是无菌操作。

2.4 兰花茎段的诱导生根

【实验目的】

掌握兰花茎段诱导生根的方法。

【实验原理】

细胞分裂素促进细胞分裂，促进出芽，保护叶绿素。生长素类的生理作用是促进细胞和器官的伸长和细胞分裂，生长素促进细胞分裂的作用在组织培养中表现得最明显，如诱导受伤的组织表面一层细胞恢复分裂能力，形成愈伤组织。在扦插繁殖和组织培养中，若诱导出芽，细胞分裂素浓度高于生长素，诱导生根则相反。

【实验条件】

1. 材料

培养4~6周的外植体上长出的丛生芽。

2. 试剂

含2 mg·L^{-1} IAA和1 mg·L^{-1} 6-BA的MS培养基。

3. 仪器用具

超净工作台，灭菌锅，剪刀，长镊子，烧杯(500 mL)，培养皿，移液管，酒精灯，滤纸，酒精棉球。

【方法步骤】

1. 取材

在无菌室的超净工作台内，每次取一瓶培养物，灼烧培养瓶口约20 mm处，用灼烧冷却后的镊子取出外植体放在无菌培养皿中的滤纸上。用灼烧冷却后的剪刀把丛生芽剪散。每次操作后要去掉用过的滤纸并重新盖上培养皿的盖子。

2. 转接

将被剪散的外植体接种到培养基上，接种方法同前。转接后在培养瓶上注明培养物、培养基、日期。

3. 实验记录

将实验记录抄录于笔记本上，注明实验开始的日期、持续期、培养物的数目、污染数目和所做的不同处理。在 4 周内，每隔 1 周用肉眼观察培养物，记录培养物形态的变化、培养物的生长状态、鲜重变化等，必要时拍照记录。

【注意事项】

接种过程中的关键是无菌操作。

2.5　炼苗与移栽

【实验目的】

学会组培苗的驯化和移栽方法。

【实验原理】

组织培养中培育出来的苗通常称为组培苗或试管苗。由于试管苗是在无菌、有营养供给、适宜光照和温度、近 100% 的相对湿度环境条件下生长的，因此，在生理、形态等方面都与自然条件生长的正常小苗有着很大的差异，所以移栽前必须炼苗。例如，通过控水、减肥、增光、降温等措施，使它们逐渐地适应外界环境，从而使生理、形态、组织上发生相应的变化，使之更适合于自然环境，只有这样才能保证试管苗顺利移栽成功。

【实验条件】

1. 材料

兰花组培苗。

2. 仪器用具

蛭石，珍珠岩，腐殖土或草炭土，沙子，喷壶，育苗盘，塑料钵等。

【方法步骤】

1. 移栽基质的配制

基质按比例为 1:1:0.5 的珍珠岩:蛭石:草炭土或腐殖土配制，也可用比例为 1:1 的沙子:草炭土或腐殖土配制。这些介质在使用前应高压灭菌。

2. 移栽前的炼苗

移栽前可将培养瓶不开口移到自然光照下锻炼 2 ~ 3 d，让试管苗接受强光的照射，使其长得壮实起来，然后再开口炼苗 1 ~ 2 d，经受较低湿度的处理，以适应将来自然湿度的条件。

3. 移栽和幼苗的管理

从试管中取出发根的小苗，用自来水洗掉根部黏着的培养基，要全部除去，以防残留培养基滋生杂菌。但要轻轻除去，避免伤根。栽植时用一个筷子粗的竹签在基质中插一小孔，然后将小苗插入，注意幼苗较嫩，防止弄伤。栽后把苗周围基质压实。栽前基质要浇透水，栽后轻浇薄水。再将苗移入高湿度的环境中(保证空气湿度达 90% 以上)。

【注意事项】

1. 移苗过程中避免伤根。

2. 浇水要适量，不能过多。

【思考题】

1. 名词解释

细胞全能性；脱分化，再分化；离体快繁；炼苗；母液。

2. 大量元素和微量元素的概念，各包括哪些元素？

3. 分析配制的母液产生沉淀的可能原因。

4. 分析配制的培养基不凝固的可能原因。

5. 高压灭菌常用温度和时间是多少？为什么高压灭菌时要先放冷气？

6. 不同的激素如何决定细胞分化导向？

（李奕松）

实验三 6-BA 对叶片的保鲜作用

【实验目的】

细胞分裂素类物质具有延缓衰老的作用，通过该实验除了可以了解 6-BA 保鲜的合理使用方法外，更重要的是了解如何设计实验，开展实验和进行实验结果的分析。

【实验原理】

6-BA 可以抑制水解生物大分子的酶的产生，抑制叶绿素的降解，还可以促进营养物质向 6-BA 含量高的部位运输，因此对植物的叶片有延缓衰老的作用。

【实验条件】

1. 材料

自选一种植物的成熟叶片。

2. 试剂

6-BA，其他自选。

3. 仪器用具

自选。

【方法步骤提示】

(1) 如何取样才能保证处理与对照样品之间具有可比性？

(2) 怎样设置 6-BA 浓度才合理？

(3) 6-BA 如何处理样品才合理？

(4) 需要什么外界条件才能保证实验结果的可比性？

(5) 实验结果用什么指标衡量？

【结果与分析】

(1) 计算设定的衡量指标。

(2) 通过实验结果说明 6-BA 的保鲜效果。

【注意事项】

1. 对照与处理选取的材料一定要有可比性。

2. 6-BA 使用浓度要合理。

3. 衡量指标要直接。

【思考题】

按要求设计、完成实验，并对实验结果进行分析。

（胡小龙）

实验四　果实成熟过程中的生理生化变化

【实验目的】

苹果、桃、李子等肉质果实在成熟过程中，外观品质和内在品质都会发生变化，通过本实验可加深学生对果实的成熟发育过程的感官和理论认识，掌握各相关生理指标的测定原理及方法。

【实验原理】

苹果、桃、李子等肉质果实在成熟过程中，果皮中的叶绿素含量降低，类胡萝卜素和花青素含量增加；果实硬度下降，可溶性果胶含量增加、果实变软，可溶性糖含量增加，可滴定酸含量下降，果实变甜。

【实验条件】

1. 材料

不同成熟度的桃、李子等果实。

2. 试剂

详见本书各指标测定方法。

3. 仪器用具

采集筐，采集袋，标签，记号笔，照相机，水果刀，冰箱，超低温冰箱，电子天平。

【方法步骤】

根据田间情况采收 3～4 种成熟度的桃或李子果实。每个成熟度采集 10～20 个果，3 次重复。运至实验室，拍外观照片，测单果重、果实硬度后，果皮和果肉分别取样，用 10～20 个果取混合样，将取的材料放置 －20 ℃或 －80 ℃下保存，用于测定色素（叶绿素、类胡萝卜素和花青素）、可溶性糖、可滴定酸、可溶性果胶的含量。

果实硬度、色素、可溶性糖、可滴定酸、果胶含量的具体测定方法见本书中的相应章节。

【结果与分析】

将测定数据记录于表 7-5 中。

表7-5 果实外观品质和内在品质指标记录

测定指标		成熟度1	成熟度2	成熟度3	成熟度4
外 观	叶绿素				
	花青素				
	类胡萝卜素				
内在品质	可溶性糖				
	可滴定酸				
	可溶性果胶				
	硬度				

依据本试验的原理及各指标测定方法中的结果进行各指标的相关性分析。

【注意事项】

1. 取材一定要有代表性。
2. 各指标测定时的注意事项详见各相关实验。

【思考题】

比较不同成熟度的果实的可溶性糖含量、可滴定酸含量和硬度的变化，并说明其原因?

（顾玉红）

实验五 逆境对植物生长的影响

【实验目的】

植物在逆境(干旱、盐碱、热、冷、冻等)条件下会发生形态和生理上的变化，本实验以盐胁迫为例，明确逆境对植物生长的影响及逆境条件下植物发生了哪些生理变化，并熟悉各生理指标的测定原理及方法。

【实验原理】

逆境会伤害植物，严重时会导致死亡。逆境可使膜系统破坏，细胞脱水，位于膜上的酶活性紊乱，各种代谢活动无序进行，透性加大。逆境会使光合速率下降，同化物形成减少，因为组织缺水引起气孔关闭，叶绿体受伤，有关光合过程的酶失活或变性。呼吸速率也发生变化，其变化进程因逆境种类而异。冰冻、高温、盐胁迫和淹水胁迫时，呼吸逐渐下降；零上低温和干旱胁迫时，呼吸先升后降；感染病菌时，呼吸显著增高。此外，逆境诱导糖类和蛋白质转变成可溶性化合物，这与合成酶活性下降、水解酶活性增强有关。

【实验条件】

1. 材料培养

将玉米(或其他植物)种子播种于不同的花盆中，待生长到一定阶段，将生长不好的幼苗进行间苗，在不同的花盆中选取生长一致、长势良好的植物幼苗进行不同浓度(100 $mmol \cdot L^{-1}$ NaCl、200 $mmol \cdot L^{-1}$ NaCl、300 $mmol \cdot L^{-1}$ NaCl)的盐胁迫处理，每隔2天处理一次，共处理3次，对不同盐处理的幼苗分别编号。

2. 试剂

NaCl(100 mmol · L^{-1}、200 mmol · L^{-1}、300 mmol · L^{-1})；透明色指甲油；80%丙酮；10%三氯乙酸(TCA)；0.5 %硫代巴比妥酸(TBA：称取0.5 g TBA，用10%三氯乙酸定容至100 mL)；酸性茚三酮(称取2.5 g茚三酮，加60 mL冰醋酸和40 mL 2 mol · L^{-1}磷酸，于70 ℃下加热溶解，冷却后贮于棕色试剂瓶中备用，贮于4 ℃冰箱中2～3 d内有效)；10 μg · mL^{-1}脯氨酸标准溶液；冰醋酸；甲苯；3%磺基水杨酸溶液。

3. 仪器用具

直尺，游标卡尺，显微镜，镊子，载玻片，盖玻片，刀片，分光光度计，研钵，剪刀，恒温水浴锅，离心机，离心管，分析天平，移液管，具塞刻度试管，漏斗，滤纸，容量瓶，DDS-307型电导仪，真空干燥器，光合、呼吸速率测定仪等。

【方法步骤】

(1)定期观察不同浓度NaCl胁迫处理后玉米的形态变化，测定株高、地径，观察叶片颜色及叶面是否卷缩、叶面上是否出现坏死斑点等现象，并将盐胁迫前后的形态变化逐一做好记录，加以比较。

(2)测定气孔大小：采用指甲油印迹法制片。取不同浓度盐胁迫处理的玉米叶片，擦净下表皮，于叶片下表皮相同位置处均匀地涂上一层透明的指甲油。待指甲油充分晾干后，用刀片将涂抹的指甲油印迹切成一个10 mm×10 mm的正方形。用镊子顺着切口方向将指甲油印迹撕下。将撕下的指甲油印迹放在载玻片上，盖上盖玻片，用解剖针轻轻敲击盖玻片，使指甲油印迹平整。为了让涂层平铺，可以适当滴加少许甘油，然后用盖玻片盖上。用显微镜观察观测视野中气孔的大小和形状变化，并成像。

(3)测定叶绿素含量：具体测定方法见第3篇实验二。

(4)测定光合速率：具体测定方法见第3篇实验四。

(5)测定呼吸速率：具体测定方法见第3篇实验四。

(6)测定膜透性：采用电导率法，具体测定方法见第6篇实验一。

(7)测定丙二醛含量：具体测定方法见第6篇实验二。

(8)测定脯氨酸含量：具体测定方法见第6篇实验三。

(9)测定超氧阴离子自由基含量：具体测定方法见第6篇实验四。

(10)测定抗氧化酶(SOD、POD、CAT)活性：具体测定方法见第6篇实验五。

【结果与分析】

在逆境条件下，不同的植物有不同的反应。有的植物对逆境具有适应能力或抗性，有的植物对逆境较为敏感。当胁迫超出了植物正常生长、发育所能承受的范围，将导致植物体内产生一系列的生理生化变化，甚至使植物受到伤害死亡。通过测定逆境条件下植物的质膜透性、膜脂过氧化和抗氧化酶活性变化以及渗透调节物质(脯氨酸)等的变化，以探讨逆境对植物的伤害以及植物对逆境的适应机制。

逆境条件下植物细胞的膜系统首先受到伤害，细胞膜透性增大，内含物外渗，若将受伤害组织浸入去离子水中，其外渗液中电解质的含量比正常组织外渗液中含量增加。组织受伤害越严重，电解质含量增加越多。细胞膜受到破坏，叶绿体结构破坏，存在于叶绿体中的叶绿素含量逐渐减少，随之导致光合速率的下降。逆境条件下，叶绿素含量越低，表明植物受害程度越严重。丙二醛(MDA)是膜脂过氧化产物之一，其浓度表示细胞膜脂质过氧化的强度和膜系统受伤害的程度，所以是逆境生理指标，丙二醛含量越高，表明植物受伤害的程度越大。植物体内的脯氨酸积累量在一定程度上反映了植物的抗逆性，脯氨酸含量越高，说明该品种抗性越强，也说明逆境对植物的伤害越大。生物体内的分子氧可以经过单电子还原转变为超氧阴离子自由基($O_2^{\cdot}$)。$O_2^{\cdot}$既可直接作用于蛋白质和核酸等生物大分子，也可以衍生为羟自由基(·OH)、单线态氧($^1O_2$)、过氧化氢(H_2O_2)及脂质过氧物自由基(RO·、ROO·)等对细胞结构和功能具有破坏作用的活性氧。通常，逆境条件下，$O_2^{\cdot}$产生的几率更大，而此时植物体内自由基的产生和清除自由基的保护酶系统(主要包括过氧化物酶、过氧化氢酶和超氧化物歧化酶)平衡受到破坏，导致自由基含量不断增加且超过伤害阈值，使生物体严重受损甚至死亡。因而测定丙二醛、脯氨酸、活性氧含量以及抗氧化酶活性可作为抗性育种的生理指标。

根据测定结果，综合分析各项指标，评定植物受害程度及抗性强弱。

【注意事项】

1. 用指甲油印迹法制片时，由于印迹很薄，撕取下表皮时一定要掌握好力度。
2. 其他各指标测定时注意事项参见各相关实验。

【思考题】

1. 比较逆境及正常生长条件下植物叶片气孔大小、叶绿素含量、光合速率、呼吸速率、质膜透性、丙二醛含量、脯氨酸含量以及保护酶活性的变化，并说明它们与植物抗逆性的关系?
2. 比较不同品种植物的抗性大小，并说明其原因?
3. 比较各生理指标之间的相关性?

(郭红彦)

参考文献

耶尔马科夫 A И，等 . 1956. 植物生物化学研究法[M]. 吴相钰，译 . 北京：科学出版社 .

邹琦，2000. 植物生理学实验指导[M]. 北京：中国农业出版社 .

萧浪涛，王三根 . 2008. 植物生理学实验技术[M]. 北京：中国农业出版社 .

张志良，瞿伟菁，李小方 . 2009. 植物生理学实验指导[M]. 北京：高等教育出版社 .

孔祥生，易现峰 . 2008. 植物生理学实验技术[M]. 北京：中国农业出版社 .

侯福林，2010. 植物生理学实验教程[M]. 北京：科学出版社 .

陈建勋，王晓峰 . 2006. 植物生理学实验指导[M]. 广州：华南理工大学出版社 .

邓东国，范志平 . 2008. 林木蒸腾作用测定和估算方法[J]. 生态学，27(6)：1051-1058.

马玲，赵平 . 2005. 乔木蒸腾作用的主要测定方法[J]. 生态学，24(1)：88-96.

屈艳萍，康绍忠 . 2006. 植物蒸发蒸腾量测定方法述评[J]. 北京：水利水电科技进展，26(3)：76-81.

黄群生 . 1997. "钾离子对气孔开度的影响"实验的改进[J]. 植物生理学通讯，33(1)：53-54.

高俊凤 . 2006. 植物生理学实验指导[M]. 北京：高等教育出版社 .

刘晚苟，山仑，邓西平 . 2002. 升压和降压过程玉米根系水分传输的比较[J]. 西北植物学报，8：15-17.

汤章诚 . 1999. 现代植物生理学实验指南[M]. 北京：科学出版社 .

曹宗巽，吴相钰 . 1979. 植物生理学[M]. 北京：人民教育出版社 .

张书霞 . 2005. 单盐毒害及离子间颉颃现象实验的探讨和改进[J]. 生物学通报，40(10)：42-43.

张治安，陈展宇 . 2009. 植物生理学实验技术[M]. 长春：吉林大学出版社 .

李鹏民，高辉远，Strasser R J. 2005. 快速叶绿素荧光诱导动力学分析在光合作用研究中的应用[J]. 植物生理与分子生物学学报，31(6)：559-566.

许大全 . 2002. 光合作用效率[M]. 上海：上海科学技术出版社 .

朱广廉，钟海文，张爱琴 . 1990. 植物生理学实验[M]. 北京：北京大学出版社 .

王若仲，萧浪涛，蔺万煌，等 . 2002. 亚种间杂交稻内源激素的高效液相色谱测定法[J]. 色谱，02：54-56.

沈波，平霄飞，汤富彬，等 . 2004. 高压液相色谱法检测水稻根系伤流液中细胞分裂素类物质[J]. 中国水稻科学，18(04)：84-86.

李合生 . 2000. 植物生理生化实验原理和技术[M]. 北京：高等教育出版社 .

罗红艺，景红娟，李菊容，等 . 2003. 不同保鲜剂对香石竹切花的保鲜效果[J]. 植物生理学通讯，39(1)：27-28.

郝建军，康宗利，于洋 . 2006. 植物生理学实验技术[M]. 北京：化学工业出版社 .

郝再彬，苍晶，徐仲 . 2004. 植物生理学实验[M]. 哈尔滨：哈尔滨工业大学出版社 .

曹建康 . 2007. 果蔬采后生理生化实验指导[M]. 北京：中国轻工业出版社 .

张利奋 . 1992. 国际食品分析方法[M]. 北京：中国轻工业出版社 .

王晶英 . 2003. 植物生理生化实验技术与原理[M]. 哈尔滨：东北林业大学出版社 .

赵世杰. 1991. 植物组织中丙二醛测定方法的改进[J]. 植物生理学报, 30(3): 207-210.

李绍军, 梁宗锁. 2005. 关于茚三酮法测定脯氨酸含量中脯氨酸与茚三酮反应之探讨[J]. 植物生理学通讯, 41(3): 365-368.

职明星, 李秀菊. 2005. 脯氨酸测定方法的改进[J]. 植物生理学通讯, 41(3): 355-357.

王爱国, 罗广华. 植物的超氧物自由基与羟胺反应的定量关系[J]. 植物生理学通讯, 1990, 39(6): 55-57.

崔德才, 徐培文. 植物组织培养与工厂化育苗[M]. 北京: 化学工业出版社.

陈世昌. 2006. 植物组织培养[M]. 重庆: 重庆大学出版社.

王水琦. 2007. 植物组织培养[M]. 北京: 中国轻工业出版社.

彭星元. 2008. 植物组织培养技术[M]. 北京: 高等教育出版社.

吴殿星, 胡繁荣. 2009. 植物组织培养[M]. 上海: 上海交通大学出版社.

郑翠萍, 吴迪, 李玲, 等. 2008. 6-苄基腺嘌呤和激动素对香石竹切花衰老的生理效应[J]. 植物生理学通讯, 44(6): 1152-1154.

王学奎. 2006. 植物生理生化实验原理和技术[M]. 北京: 高等教育出版社.

刘家尧, 刘新. 2010. 植物生理学实验教程[M]. 北京: 高等教育出版社.

杨安钢, 毛积芳, 药立波. 2001. 生物化学与分子生物学实验技术[M]. 北京: 高等教育出版社.

王冬梅, 吕淑霞, 王金胜. 2009. 生物化学实验指导[M]. 北京: 科学出版社.

周维燕. 2001. 植物细胞工程原理与技术[M]. 北京: 中国农业大学出版社.

孔祥生, 易现峰. 2008. 植物生理学实验技术[M]. 北京: 中国农业出版社.

侯福林. 2010. 植物生理学实验教程[M]. 2 版. 北京: 科学出版社.

张立军, 樊金娟. 2007. 植物生理学实验教程[M]. 北京: 中国农业大学出版社.

Passioura J B. 1988. Water transport in and to roots[J]. Annu Rev Plant Physiol Plant Mol Bio., 39: 245-265.

Genty B, Briantais J M, Baker N R. 1989. The relationship between the quantum yield of photosynthetic electron transport and quenching of chlorophyll fluorescence[J]. Biochim Biophys Acta, 990: 87-92.

Demmig-Adams B, Adams WWIII. 1996. Xanthophyll cycle and light stress in nature: uniform response to excess direct sunlight among higher plant species[J]. Planta, 198: 460-470.

LI P M, GAO H Y, STRASSER R J. 2005. Application of the chlorophyll fluorescence Induction dynamics in photosynthesis study[J]. Journal of Plant Physiology and Molecular Biology, 31(6): 559-566.

Junji Suzuki, Kazunori Kanemaru, Masamitsu Iino. 2016. Genetically Encoded Fluorescent Indicators for Organellar Calcium Imaging[J]. Biophysical journal, 111(6): 1119-1131.

Cobbold P H, Goyns M H. 1981. Aequorin measurements of free calcium in single human fibroblasts[J]. Cell Biology International Reports, 5: 8-9.

Slocum R D, poux S J. 1982. An improved method for the subcellular localization of calcium using a modification of the antimonite precipitation technique[J]. J Histochem Cytochem, 30: 617-629.

Lingyun Yuan, Shidong Zhu, Sheng Shu, Jin Sun, Shirong Guo. 2015. Regulation of 2, 4-epibrassinolide on mineral nutrient uptake and ion distribution in $Ca(NO_3)_2$ stressed cucumber plants[J]. Journal of Plant Physiology, 188: 29-36.

附　录

附1 实验室的安全

在植物生理学实验室里，经常与毒性很强、有腐蚀性、易燃烧或是有爆炸危险的化学药品直接接触，常常使用易碎的玻璃器皿和陶瓷制品，以及水、电、高温电器设备等。因此，洁净、安全的实验环境是必须重视的工作。

1.1 实验室规则

1. 保持肃静 不许喧哗、打闹，创造整洁、安静、有序的实验环境。

2. 保持整洁 实验时应穿工作服，将书包等物品按规定放置整齐，不乱丢污物和随地吐痰。实验结束后，清整器材，彻底清洗试管、烧杯等实验用品，物归原处，实验废品(火柴棍、滤纸等)放在指定地方，不得随意乱丢。

3. 严格实验操作 认真预习、切忌盲目、做好准备、提高效率。实验时严格遵守操作规程，仔细观察，做好记录，认真书写实验报告。枪头、滴管等实验用具专用专放、防止交叉污染。使用仪器时需首先阅读仪器使用方法，并在老师的指导下进行操作。玻璃器皿注意轻拿轻放。

4. 注意节约 爱护标本、器材，节约试剂、水电，防止破损浪费。无故损坏酌情赔偿。

5. 保证安全 室内严禁吸烟。用试管加热煮沸时，管口不能对人。使用危险、有毒物品时严格按要求操作，使用同位素应注意安全防护和防止污染。如有意外立即报告。实验完毕，清洁卫生，关好门、窗、水、电等。

1.2 实验室常识

1. 凡挥发性、有烟雾、有毒和有异味气体的实验，均应在通风柜内进行操作，用后试剂严密封口，尽量缩短操作时间、减少外泄，操作者最好戴口罩、手套。

2. 凡使用有机溶剂，记住两点：第一，许多有机溶剂易燃(乙醚、丙酮、乙醇、苯等)，遇明火或点燃的火柴时会燃烧，所以在使用这类试剂时，一定要远离火源，或将火源熄灭后，方可大量倾倒；第二，许多有机溶剂有毒，例如许多含氯有机溶剂累积于人体内对肝脏有损害，因此要最大限度减少与有机溶剂接触，对挥发性有机溶剂一定在通风柜内操作。

3. 凡见光易变质的试剂，用棕色瓶贮存，或用黑纸包裹，并每次少量配制。

4. 量瓶是量器，不要将量瓶用作容器。

5. 称量试剂，应用硫酸纸，不可用滤纸。

6. 标签纸的大小应与容器相称，标签上要注明物质的名称、规格和浓度、配制日期及配制人，标签应贴在试剂瓶2/3处。

7. 取用试剂和标准溶液后，需立即将瓶塞严，放回原处。取出的试剂盒标准溶液，如未用尽，切勿倒回瓶内，以免掺混。

8. 配制试剂时，对所配的每种试剂，从纯度、结构式、相对分子质量、特性等都应熟悉、做到“有的放矢”。用过的器皿应及时用自来水浸泡，以便于清洗和减少对器皿的侵蚀。

9. 使用贵重仪器如分析天平、分光光度计、离心机、微量移液器(枪)时，应十分重视，加倍爱护。使用前，应熟知使用方法。若有问题随时请示指导教师。使用时，要严格遵守操作规程，如遇试剂溅污仪器，应及时用洁净纱布擦拭。发生故障时，应立即关机，告知管理人员，不得擅自拆修。

10. 洗净器皿应放倒置架上自然干燥，不能用抹布擦拭。

1.3 实验室安全

1. 了解电闸、水阀门、煤气总阀门所在位置，离开实验室时，一定要将室内检查一遍，应将水电、煤气等关好，门窗锁好。

2. 使用电器设备(如烘箱、恒温水浴、离心机等)时，严防触电，绝不可用湿手或在眼睛旁视时开关电闸和电器开关。检查电器设备是否漏电时，应将手背轻轻触及一下表面，凡是漏电的仪器，一律不能使用。

3. 使用高压锅消毒时，不得离人。易燃、易爆、腐蚀、有毒等试剂，决不能放在高压锅内消毒，以防发生爆炸，造成人身伤亡。

4. 使用可燃物，特别是易燃物(乙醚、丙酮、乙醇等)时，应特别小心。如果不慎倒出相当量的易燃液体，应按下法处理。

(1)立即关闭室内所有的电源和电加热器。

(2)关门，开启排风扇及窗户。

(3)用毛巾或抹布擦拭撒出的液体，并将液体拧到大的容器中，然后再倒入带塞的玻璃缸中。

5. 凡使用腐蚀性试剂(浓酸、浓碱等)，必须极为小心操作，防止溅出，对于挥发性酸(HCl等)应在通风柜的盘内操作，一旦有洒出，立即用大量自来水冲洗，若溅在实验台或地面，必须及时用湿抹布或拖布反复擦洗干净，不得留痕迹。

6. 废液，特别是强酸和强碱不能直接倒在水池中，应先稀释，然后倒入水池，再用大量自来水冲洗水池及下水道。

7. 毒物应按实验室的规定办理审批手续后方可领用，使用时严格操作，用后妥善处理。

1.4 实验室急救

在实验过程中不慎发生意外事故时，不要惊慌，应立即采取适当的急救措施。

1. 触电　触电时可按下列方法紧急处理：①关闭电源；②用干木棍使导线与被害者分开；③将被害者移至木质板上，与土地分离；④急救者应先做好防止触电的安全措施，手或脚必须绝缘。

2. 火灾　发生火灾应先将电源关闭，移走一切易燃物品，然后迅速将火扑灭。根据火势大小，可采用湿抹布、湿工作衣、沙土、灭火器、灭火水龙头等灭火。但应注意，起火之物能与水混合者(如酒精)方可用水灭火；不能与水混合者(如汽油、乙醚)因浮在水面，更易扩大燃烧面积，因而不能用水灭火。衣服着火，切勿奔跑，免致火势加剧，可就地打滚压住着火部位，再以水浇灭之。

3. 烫伤　一般用90%~95%酒精消毒后，涂2%苦味酸或5%鞣酸，若皮肤起泡(二级烫伤)，不要弄破水泡，防止感染；若烧伤严重者，应用无菌纱布盖好伤口，急送医院处理。

4. 受玻璃割伤及其他机械损伤　首先必须检查伤口内有无玻璃或金属等碎片，然后用硼酸水洗净，再涂上碘酒，必要时用无菌纱布包扎。若伤口较大或过深而大量出血时，应迅速采取止血措施，同时送医院急救。

5. 强碱(NaOH、KOH等)触及皮肤而引起灼伤　要先用大量自来水冲洗，再用5%硼酸溶液或2%乙酸溶液涂洗。

6. 强酸、溴等触及皮肤而导致灼伤　应立即用大量自来水冲洗，再用5% $NaHCO_3$溶液或5%氨水溶液涂洗。

7. 苯酚触及皮肤引起灼伤　可用酒精洗涤。

8. 煤气中毒　应到户外呼吸新鲜空气，严重时送医院处理。

（贾慧）

附2　植物生理学中常用计量单位及其换算表

2.1　中华人民共和国法定计量单位(部分内容)(1991.1.1起执行)

附表1　国际单位制的基本单位

量的名称	单位名称	单位符号
长度	米	m
质量	千克	kg
时间	秒	s
电流	安(培)	A
热力学温度	开(尔文)	K
物质的量	摩(尔)	mol
发光强度	坎(德拉)	cd

附表2　用基本单位表示的国际制导出单位

量的名称	单位名称	单位符号
面积	平方米	m^2
体积	立方米	m^3

（续）

量的名称	单位名称	单位符号
速度	米每秒	$m \cdot s^{-1}$
密度	千克每立方米	$kg \cdot m^{-3}$
（物质的量）浓度	摩尔每立方分米（升）	$mol \cdot dm^{-3} (L^{-1})$
光亮度	坎德拉每平方米	$cd \cdot m^{-2}$

附表3　国际单位中具有专门名称的导出单位

量的名称	单位名称	单位符号	关系式
频率	赫兹	Hz	s^{-1}
力；重力	牛顿	N	$kg \cdot m \cdot s^{-2}$
压力；压强；应力	帕斯卡	Pa	$N \cdot m^{-2}$
能量；功；热	焦耳	J	$N \cdot m$
功率；辐射通量	瓦特	W	$J \cdot s^{-1}$
电位；电压；电动势	伏特	V	$W \cdot A^{-1}$
电阻	欧姆	Ω	$V \cdot A^{-1}$
电导	西门子	S	$A \cdot V^{-1}$
光通量	流明	lm	$cd \cdot sr$
光照度	勒克斯	lux	$lm \cdot m^{-2}$

附表4　国家选定的非国际单位制单位

量的名称	单位名称	单位符号	换算关系
	分	min	1 min = 60 s
时间	[小]时	h	1 h = 60 min = 3 600 s
	天[日]	d	1 d = 24 h = 86 400 s
体积	升	L(l)	$1\ L = 1\ dm^3 = 10^{-3}\ m^3$

附表5　常用国际制词冠

表示的因数	词冠名称	中文代号	国际代号
10^6	兆(mega)	兆	M
10^3	千(kilo)	千	k
10^2	百(hecto)	百	h
10^1	十(deca)	十	da
10^{-1}	分(deci)	分	d
10^{-2}	厘(centi)	厘	c
10^{-3}	毫(milli)	毫	m
10^{-6}	微(micro)	微	μ
10^{-9}	纳诺(nano)	纳	n
10^{-12}	皮可(pico)	皮	p
10^{-15}	飞母托(femto)	飞	f

2.2 常见非法定计量单位与法定计量单位的换算

附表6　非法定计量单位与法定计量单位换算

类别	换算
英里(mile)	1 mile = 1609.344 m
英尺(ft)	1 ft = 0.304 8 m = 12 in
英寸(in)	1 in = 0.025 4 m = 2.54 cm
埃(A)	1 A = 10^{-10} m = 0.1 nm
达因(dyn)	1dyn = 10^{-5} N = 1 g·cm·s^{-2}
巴(bar)	1 bar = 10^5 Pa
毫巴(mbar)	1 mbar = 100 Pa
毫米水柱(mmH_2O)	1mmH_2O = 9.806 65 Pa
毫米汞柱(mmHg)	1 mmHg = 133.322 Pa
尔格(erg)	1 erg = 10^{-7} J
卡(cal)	1 cal = 4.186 8 J

2.3 基本常数

附表7　基本常数

气体常数	R = 8.314 41 J·mol^{-1}·K^{-1}
	= 0.083 1441 L·bar·mol^{-1}·K^{-1}
	= 0.082057 L·atm·mol^{-1}·K^{-1}
	= 83.144 1mL·bar·mol^{-1}·K^{-1}
	= 82.057mL·atm·mol^{-1}·K^{-1}
	= 8314.41 L·Pa·mol^{-1}·K^{-1}
	= 0.008 314 L·MPa·mol^{-1}·K^{-1}
标准大气压	P_o = 1.013 25 bar = 101325 Pa
理想气体的摩尔体积(在标准温度气压下)	V_m = 22.413 83 L·mol^{-1}

（贾慧）

附3　实验材料的采取、处理和保存

3.1　植物材料的种类

植物生理实验使用的材料非常广泛，根据来源可划分为天然(如植物幼苗、根、茎、叶、花等器官或组织等)和人工培养、选育的植物材料(如杂交种、诱导突变种、植物组织培养突变型细胞、愈伤组织、酵母等)两大类；植物材料的采集、处理和保存是否恰当是植物生理学研究的重要环节之一。按其水分状况、生理状态可划分为新鲜植物材料(如苹果、梨、桃果肉，蔬菜叶片，绿豆、豌豆芽下胚轴，麦芽、谷芽，鳞茎、花椰菜等)和干材料(小麦面粉，大豆粉，根、茎、叶干粉，干酵母等)两大类，因实验目的和条件而加以选择。

3.2　植物材料的采取

植物生理研究测定结果和结论的准确性(或可靠性)，除取决于分析方法是否恰当和分析操作是否严格外，还取决于采取的植物样品是否具有最大的代表性。为保证植物材料的代表性，样品的采取除必须遵循田间试验抽样技术的一般原则外，还要根据不同测定目的的具体要求，正确采取所需试材。从大田或实验地、实验器皿中采取的植物材料，一般数量较大，称为“原始样品”。进行分析之前，应首先按样品的类别(如植物的根、茎、叶、花、果实、种子等)选出“平均样品”。再根据分析的目的、要求和样品种类的特征，采用适当的方法从“平均样品”中选出供分析用的“分析样品”。

3.2.1　原始样品的取样方法

1. 随机取样

在试验区(或大田)中选择有代表性的取样点，取样点的数目应视田块大小而定。选好点后，随机采取一定数量的样株，或在每一个取样点上按规定的面积采取样株。

2. 对角线取样

在试验区(或大田)按对角线选定5个取样点，然后在每个点上随机取一定数量的样株，或在每个取样点上按规定的面积采取样株。

3.2.2　平均样品的取样方法

1. 混合取样法

一般颗粒状(如种子等)或粉末状样品可以采取混合取样法进行：将供采取样品的材料铺在木板(或玻璃板、牛皮纸)上成为均匀的一层，按对角线划分为4等份。取对角的2份为进一步取样的材料，将其余的对角2份淘汰。再把已取中的2份样品充分混合后重复上述方法取样。如此反复操作，每次均淘汰50%的样品，直至所取样品达到所要求的数量为止。这种取样的方法叫四分法。经过四分法的反复混合、淘汰所取得的样品，在实验室中再经适当的处理之后即可制成分析样品。

一般禾谷类、豆类及油料作物的种子均可采用这个方法取样。但应注意样品中不要混有残破、虫噬或空瘪种子及其他混杂物。

2. 按比例取样法

对体积较大、生长不均等的材料，如甘薯、甜菜、马铃薯等块根、块茎等材料，应按原始样品大、中、小不同类型的比例选取样品，再将每一单个样品纵切剖开，各取1/4、1/8或1/16，混在一起组成平均样品。

在采取桃、梨、苹果、柑橘等果实的平均样品时，即使是从同一株果树上取样，也应考虑到果枝在树冠上的不同部位以及果实的大小和成熟度上的差异，按各自的比例取样，混合成平均样品。

3. 取样注意事项

(1)取样的地点，一般应距田埂或地边有一定距离，或在特定的取样区内取样。为避免边际效应的影响，勿在边行或靠近边行取样，取样点的四周也不应有缺株现象。

(2)取样后，按分析的目的分成各部分(如根、茎、叶、果实等)，捆齐，附上标签，装入纸袋。有些多汁果实的样品需要剖开时，应用锋利不锈钢刀剖切，并注意勿使果汁流失。

(3)对于多汁的瓜、果、蔬菜及幼嫩器官等样品，因含水分较多，容易变质或霉烂，可以在冰箱中冷藏，或用蒸汽灭菌、干燥灭菌，也可用适当浓度的酒精处理保存，或者减压脱水冷藏以备分析之用。

(4)选取平均样品的数量应不少于供分析样品的2倍。

(5)为了动态地了解供试植物在不同生育期的生理状况，常按植物的生育期采取样品进行分析。取样方法是在植物不同生育期调查植株的生育状况并区分为若干类型，计算出各种类型植株所占的百分比，再按此比例采取相应数目的样株作为平均样品。

3.3 分析样品的处理和保存

3.1.1 田间采取的植株样品

一般测定中，所取植株样品应该是生育正常无损的健康材料。取下的植株、器官组织样品，必须放入事先准备好的保湿容器中，以维持试样的水分状况与未取下之前基本一致。否则，由于取样后的失水(尤其是田间取样)，在带回实验室过程中强烈失水，使离体材料的许多生理过程发生明显的变化，用这样的试材进行测定，难以得到准确可靠的结果。对于器官组织样品(如叶片或叶组织)，在取样后应立即放入铺有湿纱布带盖的瓷盘中，或铺有湿滤纸的培养皿中。对于干旱研究的有关试材，应尽可能维持其原来的水分状况。

采回的新鲜样品(平均样品)在做分析之前，一般先要经过净化、杀青、烘干(或风干)等一系列处理。

1. 净化

新鲜样品从田间或试验地取回时，常沾有泥土等杂质，应用柔软湿布擦净，不应用水冲洗。

2. 杀青

为了保持样品化学成分不发生转变和损耗，务必及时终止样品中酶的活动，通常将新鲜样品置于105 ℃的烘箱中杀青15 ~ 20 min。

3. 烘干

样品经过杀青之后，应立即降低烘箱的温度，维持在70 ~ 80 ℃，直到烘至恒重。烘干所需的时间因样品数量和含水量、烘箱的容积和通风性而定。在无烘箱的条件下，也可将样品置蒸笼中以蒸汽杀青，而后于阴凉通风处风干。但在蒸汽杀青过程中，常有可溶性物质的外渗损失，因此，此法仅可作为测量大量样品干重时的变通方法，在进行成分分析时应尽量避免。烘干时应注意温度不可过高，否则会把样品烤焦，特别是含糖较多的样品，更易在高温下焦化。为了更精密地分析，避免某些成分的损失(如蛋白质、维生素、糖等)，在条件许可的情况下最好采用真空干燥法。

此外，在测定植物材料中酶的活性或某些成分(如植物激素、维生素C、DNA、RNA等)的含量时，需要用新鲜样品。取样时注意保鲜，取样后立即进行待测组分提取；也可采用液氮冷冻保存，或冰冻真空干燥法得到干燥的制品，放在0 ~ 4 ℃冰箱中保存即可。在鲜样已进行了匀浆，尚未完成提取、纯化，不能进行分析测定等特殊情况下，也可加入防腐剂(甲苯、苯甲酸)，以液态保存在缓冲液中，置于0 ~ 4 ℃冰箱即可。但保存时间不宜过长，以免影响实验结果。

3.1.2　已经烘干(或风干)的样品

可根据样品的种类、特点进行以下处理。

1. 种子样品的处理

一般种子(如禾谷类种子)的平均样品清除杂质后要进行磨碎，在磨碎样品前后都应彻底清除磨粉机(或其他碾磨用具)内部的残留物，以免不同样品之间的机械混杂，也可将最初磨出的少量样品弃去，然后正式磨碎，最后使样品全部无损地通过80 ~ 100目的筛子，混合均匀作为分析样品贮存于具有磨口玻塞的广口瓶中，贴上标签，注明样品的采取地点、试验处理、采样日期和采样人姓名等。长期保存的样品，贮存瓶上的标签还需要涂蜡。为防止样品在贮存期间生虫，可在瓶中放置一点樟脑或对位二氯甲苯。

对于油料作物种子(如芝麻、亚麻、花生、蓖麻等)需要测定其含油量时，不应当用磨粉机磨碎，否则样品中所含的油分吸附在磨粉机上将明显地影响分析的准确性。所以，对于油料种子应将少量样品放在研钵内研碎或用切片机切成薄片作为分析样品。

2. 茎秆样品的处理

烘干(或风干)的茎秆样品，均要进行磨碎，磨茎秆用的电磨与磨种子的磨粉机结构不同，不宜用磨种子的电磨来磨碎茎秆。如果茎秆样品的含水量偏高而不利于磨碎时，应进一步烘干后再进行磨碎。

3. 多汁样品的处理

柔嫩多汁样品(如浆果、瓜、菜、块根、块茎、球茎等)的成分(如蛋白质、可溶性糖、维生素、色素等)很容易发生代谢变化和损失，因此用其新鲜样品直接进行各项测定及分析。一般应将新鲜的平均样品切成小块，置于电动捣碎机的玻璃缸内进行捣碎。若样品含水量不够(如甜菜、甘薯等)，可以据样品重加入0.1~1倍的蒸馏水。充分捣碎后的样品应成浆状，从中取出混合均匀的样品进行分析。如果不能及时分析，最好不要急于将其捣碎，以免其中化学成分发生变化而难以准确测定。

有些蔬菜(如含水分不太多的叶菜类、豆类、干菜等)的平均样品可以经过干燥磨碎，也可以直接用新鲜样品进行分析。若采用新鲜样品，可采用上述方法在电动捣碎机内捣碎，也可用研钵(必要时加少许干净的石英砂)充分研磨成匀浆，再进行分析。

在进行新鲜材料的活性成分(如酶活性)测定时，样品的匀浆、研磨一定要在冰浴上或低温室内操作。新鲜样品采后来不及测定的，可放入液氮中速冻，再放入-70 ℃冰箱中保存。

供试样品一般应该在暗处保存，但是，对于供光合、蒸腾、气孔阻力等的测定样品，在光照下保存更为合理。一般可先将这些供试样品保存在室内自然光强下，但从测定前的0.5~1.0 h开始，应对这些材料进行测定前的光照预处理，又称光照前处理。这不仅是为了使气孔能正常开放，也是为了使一些光合酶类能预先被激活，以便在测定时能获得正常水平的值，而且还能缩短测定时间。光照前处理的光强，一般应和测定时的光照条件一致。

测定材料在取样后，一般应在当天测定使用，不宜过夜保存。需要过夜时，也应在较低温度下保存，但在测定前应使材料温度恢复到测定条件的温度。

对于采集的籽粒样品，在剔除杂质和破损籽粒后，一般可用风干法进行干燥。但有时根据研究的要求，也可立即烘干。对叶片等组织样品，在取样后则应立即烘干。为了加速烘干，对于茎秆、果穗等器官组织应事先切成细条或碎块。

3.4 实验数据的处理与分析

实验过程中及时、准确地做好原始数据的记录是进行实验结果处理和分析的前提，对实验观察到的现象和数据，应当及时地、准确地记录在记录本上，切勿写错，更不能涂改。

在植物生理定量测定中，对实验数据进行统计分析，正确运用统计学方法非常重要。首先遇到的是实验测定结果中有效数字位数的确定问题。记录数据时，只应保留一位不定数字，具体有效数字的确定依赖于实验中所使用设备的精确度。计算结果中过多的无效数值是没有意义的，在去掉多余尾数后进位或弃去时，一般采用“四舍五入”的原则。但有效数字太少，也会损失信息。计算所得数字有几位有效，取决于做计算所用的原始数字中有效数字的位数。

在乘除法中乘数与被乘数，或除数与被除数有效位数不等式，其积或商的有效位数取决于有效数字位数最少的那一个数据。而在加减法中有效数字的位数，则不是看相对的位数，而是看绝对的位数，即由小数点后位数最少的一个数据决定。

在运算过程中，也可以先暂时多保留一位不定数字，得到最终计算结果后，再去掉多余的尾数。如所用单位较小，或者说数字与所用的单位相比很大，例如，某蛋白质的相对分子质量为64 500，这从测定蛋白质相对分子质量的准确度来看，数字末两位“0”是没有意义的，但它们有表示数字的位数的作用，不能舍去。可以采用10的幂次方表示，即写成64.5×10^3。又如离心力25 000×g，可表示为25×10^3 g。

其次，在待测组分定量测定中，误差是绝对存在的，因此必须善于利用统计学的方法，分析实验结果的准确性，并判断其可靠程度。实验中，每种处理至少3次重复，定量测定数据也要有3次重复，否则，无法进行统计分析。而且，在统计分析之前，由于取材误差、仪器误差、操作误差等一些经常性的原因所引起的误差为系统误差；由于一些偶然的外因所引起的误差为偶然误差。前者影响分析结果的准确度（指测得值与真实值符合的程度，它用误差来表示。误差分为绝对和相对误差）。后者影响分析结果的精密度（指几次重复测定彼此间符合的程度，显示其重现性状况，它用偏差来表示。偏差也分为绝对和相对偏差）。二者共同反应测定结果的可靠性。误差小表示可靠性好，误差大表示可靠性差。

在对实验结果进行分析时，对同一待测组分所得到的多个实验数据，最简单的办法是计算其算术平均值（$\bar{x}$），但这还不能很好地反应测定结果的可靠性，尚需要计算出偏差或相对偏差。在分析中，如果实验数据不多，则可采用算术平均偏差或相对平均偏差表示精密度即可；但当实验数据较多或分散程度较大时，用标准偏差即均方差 S 或相对标准偏差即变异系数 CV 表示精密度更可靠。还可用置信区间表示指定置信度 α 的偏差。

（1）算术平均值：$\bar{x}=\frac{\sum x_i}{n}$

（2）平均偏差 $=\frac{\sum|x_i-\bar{x}|}{n}$

（3）相对平均偏差 $=\frac{\sum|x_i-\bar{x}|}{n\bar{x}}\times 100\%$

（4）标准差（均方差）：$S=\sqrt{\frac{\sum(x_i-\bar{x})^2}{n-1}}$

（5）变异系数：$CV=\frac{S}{\bar{x}}\times 100\%$

（6）置信区间的界限：$P=t_{\alpha(n-1)}\frac{S}{\sqrt{n}}$

（7）置信区间：$\bar{x}\pm P$

为检测某一样品 $\bar{x}$ 所属总体平均数和某一指定的同类样品的总体平均数之间，或者两种处理取样所属的总体平均数之间有无显著差异时，在总体方差未知，又是小样本情况下，可以用 t 检验求得 t 值，再根据设定显著水平和自由度大小，从 t 值表中查得概率值（p），即可推断不同样品或同一样品的不同处理之间是否具有显著性差异及其差异水平。

所谓 t 检验，实质上是差数的 5% 和 1% 置信区间，它只适用于测验两个相互独立的样品平均数。要明确多个平均数之间的差异显著性，还必须对各平均数进行多重比较。多重比较的方法，过去沿用最小显著差数法（简称 LSD 法），但此法有一定的局限性，近来多采用最小显著极差法（简称 LSR 法），该方法的特点是不同平均数间的比较采用不同的显著差数标准，可用于平均数间的所有相互比较，其常用方法有新复极差检验和 q 检验两种。各平均数经多重比较后，常采用标记字母法表示。在平均数之间，凡有一个相同标记字母的即为差异不显著，凡具有不同标记字母的即为差异显著，用小写字母 a、b、c 等表示 $\alpha=0.05$ 显著水平，大写字母 A、B、C 等表示 $\alpha=0.01$ 显著水平。差异显著性也可用标“*”号的方法表示，凡达到 $\alpha=0.05$ 水平（差异显著）的数据，在其右上角标一个“*”号，凡达到 $\alpha=0.01$ 水平（差异极显著）的数据，在其右上角标两个“*”，凡未达到 $\alpha=0.05$ 水平的数据，则不予标记。

在科学实验中，方差分析可帮助我们掌握客观规律的主要矛盾或技术关键。方差分析的基本步骤可概括为：①将资料总变异的自由度和平方和分解为各变异因素的自由度和平方和，进而算得其均方(方差)；②计算均方比，作F测验，以明了各变异因素的重要程度；③对各平均数进行多重比较，以检验差异的显著性。具体方法可参考有关专业书籍。

（贾慧）

附4　常用缓冲溶液的配制

4.1　甘氨酸—盐酸缓冲液(0.05mol·L^{-1})

X mL 0.2 mol·L^{-1}甘氨酸 + *Y* mL 0.2 mol·L^{-1} HCl，再加水稀释至200 mL。

附表8　甘氨酸—盐酸缓冲液配制

pH	*X*(mL)	*Y*(mL)	pH	*X*(mL)	*Y*(mL)
2.2	50	44.0	3.0	50	11.4
2.4	50	32.4	3.2	50	8.2
2.6	50	24.2	3.4	50	6.4
2.8	50	16.8	3.6	50	5.0

甘氨酸相对分子质量 = 75.07。0.2 mol·L^{-1}甘氨酸溶液为15.01 g·L^{-1}。

4.2　邻苯二甲酸氢钾—盐酸缓冲液(0.05mol·L^{-1})

X mL 0.2 mol·L^{-1}邻苯二甲酸氢钾 + *Y* mL 0.2 mol·L^{-1}盐酸，再加水稀释至20 mL。

附表9　邻苯二甲氢钾—盐酸缓冲液配制

pH(20 ℃)	*X*(mL)	*Y* (mL)	pH (20 ℃)	*X*(mL)	*Y* (mL)
2.2	5	4.670	3.2	5	1.470
2.4	5	3.960	3.4	5	0.990
2.6	5	3.295	3.6	5	0.597
2.8	5	2.642	3.8	5	0.263
3.0	5	2.032			

邻苯二甲酸氢钾相对分子质量 = 204.23。0.2mol·L^{-1}邻苯二甲酸氢钾溶液为40.85 g·L^{-1}。

4.3　磷酸氢二钠—柠檬酸缓冲液

附表 10　磷酸二氢钠—柠檬酸缓冲液配制

pH	0.2mol·L^{-1} Na_2HPO_4(mL)	0.1mol·L^{-1} 柠檬酸(mL)	pH	0.2mol·L^{-1} Na_2HPO_4(mL)	0.1mol·L^{-1} 柠檬酸 (mL)
2.2	0.40	19.60	5.2	10.72	9.28
2.4	1.24	18.76	5.4	11.15	8.85
2.6	2.18	17.82	5.6	11.60	8.40
2.8	3.17	16.83	5.8	12.09	7.91
3.0	4.11	15.89	6.0	12.63	7.37
3.2	4.94	15.06	6.2	13.22	6.78
3.4	5.70	14.30	6.4	13.85	6.15
3.6	6.44	13.56	6.6	14.55	5.45
3.8	7.10	12.90	6.8	15.45	4.55
4.0	7.71	12.29	7.0	16.47	3.53
4.2	8.28	11.72	7.2	17.39	2.61
4.4	8.82	11.18	7.4	18.17	1.83
4.6	9.35	10.65	7.6	18.73	1.27
4.8	9.86	10.14	7.8	19.15	0.85
5.0	10.30	9.70	8.0	19.45	0.55

Na_2HPO_4相对分子质量 = 141.98；0.2 mol·L^{-1}溶液为 28.40 g·L^{-1}。

$Na_2HPO_4 \cdot 2H_2O$ 相对分子质量 = 178.05；0.2 mol·L^{-1}溶液为 35.61 g·L^{-1}。

$Na_2HPO_4 \cdot 12H_2O$ 相对分子质量 = 358.22；0.2 mol·L^{-1}溶液为 71.64 g·L^{-1}。

$C_6H_8O_7 \cdot H_2O$ 相对分子质量 = 210.14；0.1 mol·L^{-1}溶液为 21.01 g·L^{-1}。

4.4　柠檬酸—氢氧化钠—盐酸缓冲液

附表 11　柠檬酸—氢氧化钠—盐酸缓冲液配制

pH	钠离子浓度 (mol·L^{-1})	柠檬酸(g) $C_6H_8O_7 \cdot H_2O$	氢氧化钠 (g) NaOH 97%	盐酸 (mL) HCl (浓)	最终体积 (L)
2.2	0.20	210	84	160	10
3.1	0.20	210	83	116	10
3.3	0.20	210	83	106	10
4.3	0.20	210	83	45	10
5.3	0.35	245	144	68	10
5.8	0.45	285	186	105	10
6.5	0.38	266	156	126	10

使用时可以每升中加入 1 g 酚，若最后 pH 值有变化，再用少量 50% 氢氧化钠溶液或浓盐酸调节，4 ℃保存。

4.5 柠檬酸—柠檬酸钠缓冲液(0.1mol·L^{-1})

附表 12 柠檬酸—柠檬酸钠缓冲液配制

pH	0.1 mol·L^{-1} 柠檬酸(mL)	0.1 mol·L^{-1} 柠檬酸钠(mL)	pH	0.1mol·L^{-1} 柠檬酸(mL)	0.1 mol·L^{-1} 柠檬酸钠(mL)
3.0	18.6	1.4	5.0	8.2	11.8
3.2	17.2	2.8	5.2	7.3	12.7
3.4	16.0	4.0	5.4	6.4	13.6
3.6	14.9	5.1	5.6	5.5	14.5
3.8	14.0	6.0	5.8	4.7	15.3
4.0	13.1	6.9	6.0	3.8	16.2
4.2	12.3	7.7	6.2	2.8	17.2
4.4	11.4	8.6	6.4	2.0	18.0
4.6	10.3	9.7	6.6	1.4	18.6
4.8	9.2	10.8			

柠檬酸：$C_6H_8O_7 \cdot H_2O$ 相对分子质量 =210.14；0.1 mol·L^{-1}溶液为 21.01 g·L^{-1}。

柠檬酸钠：$Na_3C_6H_5O_7 \cdot 2H_2O$ 相对分子质量 =294.12；0.1 mol·L^{-1}溶液为 29.41 g·L^{-1}。

4.6 醋酸—醋酸钠缓冲液(0.2 mol·L^{-1})

$NaAc \cdot 3H_2O$ 相对分子质量 =136.09；0.2 mol·L^{-1}溶液为 27.22 g·L^{-1}；

冰乙酸 11.8mL 稀释至 1L(需标定)。

附表 13 醋酸—醋酸钠缓冲液配制

pH (18 ℃)	0.2 mol·L^{-1} NaAc (mL)	0.2mol·L^{-1} HAc (mL)	pH(18 ℃)	0.2 mol·L^{-1} NaAc (mL)	0.2 mol·L^{-1} HAc (mL)
3.6	0.75	9.35	4.8	5.90	4.10
3.8	1.20	8.80	5.0	7.00	3.00
4.0	1.80	8.20	5.2	7.90	2.10
4.2	2.65	7.35	5.4	8.60	1.40
4.4	3.70	6.30	5.6	9.10	0.90
4.6	4.90	5.10	5.8	6.40	0.60

4.7 磷酸二氢钾—氢氧化钠缓冲液(0.05 mol·L^{-1})

XmL 0.2 mol·L^{-1} KH_2PO_4 + YmL 0.2 mol·L^{-1} NaOH 加水稀释至 20mL。

附表 14 磷酸二氢钾—氢氧化钠缓冲液配制

pH (20 ℃)	X (mL)	Y (mL)	pH (20 ℃)	X (mL)	Y (mL)
5.8	5	0.372	7.0	5	2.963
6.0	5	0.570	7.2	5	3.500
6.2	5	0.860	7.4	5	3.950
6.4	5	1.260	7.6	5	4.280
6.6	5	1.780	7.8	5	4.520
6.8	5	2.365	8.0	5	4.680

KH_2PO_4 相对分子质量 = 136. 09；0. 2mol · L^{-1} 溶液为 27. 22g · L^{-1}。

4. 8　磷酸盐缓冲液

1. 磷酸氢二钠—磷酸二氢钠缓冲液（0. 2 mol · L^{-1}）

附表 15　磷酸氢二钠—磷酸二氢钠缓冲液配制

pH	0. 2 mol · L^{-1} Na_2HPO_4（mL）	0. 2 mol · L^{-1} NaH_2PO_4（mL）	pH	0. 2 mol · L^{-1} Na_2HPO_4（mL）	0. 2 mol · L^{-1} NaH_2PO_4（mL）
5. 8	8. 0	92. 0	7. 0	61. 0	39. 0
5. 9	10. 0	90. 0	7. 1	67. 0	33. 0
6. 0	12. 3	87. 7	7. 2	72. 0	28. 0
6. 1	15. 0	85. 0	7. 3	77. 0	23. 0
6. 2	18. 5	81. 5	7. 4	81. 0	19. 0
6. 3	22. 5	77. 5	7. 5	84. 0	16. 0
6. 4	26. 5	73. 5	7. 6	87. 0	13. 0
6. 5	31. 5	68. 5	7. 7	89. 5	10. 5
6. 6	37. 5	62. 5	7. 8	91. 5	8. 5
6. 7	43. 5	56. 5	7. 9	93. 0	7. 0
6. 8	49. 0	51. 0	8. 0	94. 7	5. 3
6. 9	55. 0	45. 0			

$Na_2HPO_4 \cdot 2H_2O$ 相对分子质量 = 178. 05；0. 2 mol · L^{-1} 溶液为 35. 61 g · L^{-1}。

$Na_2HPO_4 \cdot 12H_2O$ 相对分子质量 = 358. 22；0. 2 mol · L^{-1} 溶液为 71. 64 g · L^{-1}。

$NaH_2PO_4 \cdot H_2O$ 相对分子质量 = 138. 01；0. 2 mol · L^{-1} 溶液为 27. 6 g · L^{-1}。

$NaH_2PO_4 \cdot 2H_2O$ 相对分子质量 = 156. 03；0. 2 mol · L^{-1} 溶液为 31. 21 g · L^{-1}。

2. 磷酸氢二钠—磷酸二氢钾缓冲液（1/15 mol · L^{-1}）

附表 16　磷酸氢二钠—磷酸二氢钾缓冲液配制

pH	1/15 mol · L^{-1} Na_2HPO_4（mL）	1/15 mol · L^{-1} KH_2PO_4（mL）	pH	1/15 mol · L^{-1} Na_2HPO_4（mL）	1/15 mol · L^{-1} KH_2PO_4（mL）
4. 92	0. 10	9. 90	7. 17	7. 00	3. 00
5. 29	0. 50	9. 50	7. 38	8. 00	2. 00
5. 91	1. 00	9. 00	7. 73	9. 00	1. 00
6. 24	2. 00	8. 00	8. 04	9. 50	0. 50
6. 47	3. 00	7. 00	8. 34	9. 75	0. 25
6. 64	4. 00	6. 00	8. 67	9. 90	0. 10
6. 81	5. 00	5. 00	9. 18	10. 00	0
6. 98	6. 00	4. 00			

$Na_2HPO_4 \cdot 2H_2O$ 相对分子质量 = 178. 05，1/15 mol · L^{-1} 溶液含 35. 61g · L^{-1}

KH_2PO_4 相对分子质量 = 136. 09，1/15 mol · L^{-1} 溶液含 9. 078g · L^{-1}

4.9 巴比妥钠—盐酸缓冲液

附表 17 巴比妥钠—盐酸缓冲液配制

pH(18 ℃)	0.04 mol·L^{-1} 巴比妥钠(mL)	0.2 mol·L^{-1} HCl (mL)	pH(18 ℃)	0.04 mol·L^{-1} 巴比妥钠(mL)	0.2 mol·L^{-1} HCl (mL)
6.8	100	18.4	8.4	100	5.21
7.0	100	17.8	8.6	100	3.82
7.2	100	16.7	8.8	100	2.52
7.4	100	15.3	9.0	100	1.65
7.6	100	13.4	9.4	100	0.70
7.8	100	11.47	9.2	100	1.13
8.0	100	9.39	9.6	100	0.35
8.2	100	7.21			

巴比妥钠相对分子质量 = 206.18；0.04 mol·L^{-1}溶液为 8.25 g·L^{-1}。

4.10 Tris-HCl 缓冲液(0.05 mol·L^{-1})

50mL 0.1 mol·L^{-1}三羟甲基氨基甲烷(Tris)溶液与 XmL 0.1 mol·L^{-1}盐酸混匀并稀释至 100mL。

附表 18 Tris-HCl 缓冲液配制

pH (25 ℃)	X (mL)	pH (25 ℃)	X (mL)
7.10	45.7	8.10	26.2
7.20	44.7	8.20	22.9
7.30	43.4	8.30	19.9
7.40	42.0	8.40	17.2
7.50	40.3	8.50	14.7
7.60	38.5	8.60	12.4
7.70	36.6	8.70	10.3
7.80	34.5	8.80	8.5
7.90	32.0	8.90	7.0
8.00	29.2		

Tris 相对分子质量 = 121.14；0.1 mol·L^{-1}溶液为 12.114 g·L^{-1}。Tris 溶液可从空气中吸收二氧化碳，使用时注意将瓶密封。

4.11 硼酸—硼砂缓冲液（0.2 mol·L^{-1}硼酸根）

附表 19 硼酸—硼砂缓冲液配制

pH	0.05 mol·L^{-1} 硼砂(mL)	0.2 mol·L^{-1} 硼酸(mL)	pH	0.05 mol·L^{-1} 硼砂(mL)	0.2 mol·L^{-1} 硼酸(mL)
7.4	1.0	9.0	8.2	3.5	6.5
7.6	1.5	8.5	8.4	4.5	5.5
7.8	2.0	8.0	8.7	6.0	4.0
8.0	3.0	7.0	9.0	8.0	2.0

硼砂 $Na_2B_4O_7 \cdot 10H_2O$ 相对分子质量＝381.43；0.05 mol·L^{-1}溶液（等于0.2 mol·L^{-1}硼酸根）为19.07 g·L^{-1}。

硼酸 H_3BO_3相对分子质量＝61.84；0.2 mol·L^{-1}的溶液为12.37 g·L^{-1}。

硼砂易失去结晶水，必须在带塞的瓶中保存。

4.12 甘氨酸—氢氧化钠缓冲液（0.05 mol·L^{-1}）

XmL 0.2 mol·L^{-1}甘氨酸＋YmL 0.2 mol·L^{-1} NaOH 加水稀释至200mL。

附表20 甘氨酸—氢氧化钠缓冲液配制

pH	0.2 mol·L^{-1} X(mL)	0.2 mol·L^{-1} Y(mL)	pH	0.2 mol·L^{-1} X(mL)	0.2 mol·L^{-1} Y(mL)
8.6	50	4.0	9.6	50	22.4
8.8	50	6.0	9.8	50	27.2
9.0	50	8.8	10	50	32.0
9.2	50	12.0	10.4	50	38.6
9.4	50	16.8	10.6	50	45.5

甘氨酸分子量＝75.07；0.2 mol·L^{-1}溶液含15.01 g·L^{-1}

4.13 硼砂—氢氧化钠缓冲液（0.05 mol·L^{-1}硼酸根）

XmL 0.05 mol·L^{-1}硼砂＋YmL 0.2 mol·L^{-1} NaOH 加水稀释至200mL。

附表21 硼砂—氢氧化钠缓冲液配制

pH	0.05 mol·L^{-1} X(mL)	0.2 mol·L^{-1} Y(mL)	pH	0.05 mol·L^{-1} X(mL)	0.2 mol·L^{-1} Y(mL)
9.3	50	6.0	9.8	50	34.0
9.4	50	11.0	10.0	50	43.0
9.6	50	23.0	10.1	50	46.0

硼砂 $Na_2B_4O_7 \cdot 10H_2O$ 相对分子质量＝381.43；0.05 mol·L^{-1}硼砂溶液（等于0.2 mol·L^{-1}硼酸根）为19.07 g·L^{-1}。

4.14 碳酸钠—碳酸氢钠缓冲液（0.1mol·L^{-1}）

此缓冲液在 Ca^{2+}、Mg^{2+}存在时不得使用。

附表22 碳酸钠—碳酸氢钠缓冲液配制

pH 20 ℃	pH 37 ℃	0.1mol·L^{-1} Na_2CO_3(mL)	0.1mol·$L^{-1}$$NaHCO_3$(mL)
9.16	8.77	1	9
9.40	9.22	2	8
9.51	9.40	3	7
9.78	9.50	4	6
9.90	9.72	5	5
10.14	9.90	6	4
10.28	10.08	7	3
10.53	10.28	8	2
10.83	10.57	9	1

$Na_2CO_3 \cdot 10H_2O$ 相对分子质量 =286.2；0.1 mol · L^{-1}溶液为 28.62 g · L^{-1}。

$NaHCO_3$相对分子质量 =84.0；0.1 mol · L^{-1}溶液为 8.40 g · L^{-1}。

4.15 “PBS”缓冲液(0.2 mol · L^{-1})

附表 23 “PBS”缓冲液配制

pH	0.2 mol · L^{-1} NaH_2PO_4(mL)	0.2 mol · L^{-1} Na_2HPO_4(mL)	NaCl (g)	pH	0.2 mol · L^{-1} NaH_2PO_4(mL)	0.2 mol · L^{-1} Na_2HPO_4(mL)	NaCl (g)
5.7	93.5	6.5	0.9	6.0	87.7	12.3	0.9
5.8	92.0	8.0	0.9	6.1	85.0	15.0	0.9
5.9	90.0	10.0	0.9	6.2	81.5	18.5	0.9

$Na_2HPO_4 \cdot 2H_2O$ 相对分子质量 =178.05；0.2 mol · L^{-1}溶液为 35.61 g · L^{-1}。

$Na_2HPO_4 \cdot 12H_2O$ 相对分子质量 =358.22；0.2 mol · L^{-1}溶液为 71.64 g · L^{-1}。

$NaH_2PO_4 \cdot H_2O$ 相对分子质量 =138.01；0.2 mol · L^{-1}溶液为 27.6 g · L^{-1}。

$NaH_2PO_4 \cdot 2H_2O$ 相对分子质量 =156.03；0.2 mol · L^{-1}溶液为 31.21 g · L^{-1}。

(侯名语)

附 5 离心力与离心机转速测算公式

离心力(centrifugal force，F)：当物体绕着一个中心做圆周运动时，由于惯性，总有脱离圆弧轨道而“飞”出去的趋势。如果以做圆周运动的物体做参考系，就好像总有一个力要拉着它偏离出去，这个力就是离心力。实际上离心力是由于采用非惯性参考系的结果，它是惯性力的一种，离心力作为真实的力根本就不存在。由下式可计算离心力：

$$F = m\omega^2 r$$

式中 ω——旋转角速度(rad/s)；

R——旋转体离旋转轴的距离(cm)；

m——颗粒质量。

相对离心力(relative centrifugal force，RCF)：指将离心力转化为重力加速度的倍数。颗粒在离心过程中的离心力是相对颗粒本身所受的重力而言，因此把这种离心力称作相对离心力。即以离心力相当于重力加速度(g)的倍数来衡量，一般用 g 或 $\times g$ 表示。其计算公式为：

$$RCF = F_{离心力}/F_{重力} = m\omega^2 r/mg = \omega^2 r/g$$

rpm(revolution per minute，rpm)为离心机每分钟的转数，即离心机转速。

相对离心力 RCF 和 rpm 可通过下述公式来换算：

$$RCF = 1.119 \times 10^{-5} \times r \times rpm^2$$

式中 r——离心机转头的半径(角转头)，或离心管中轴底部内壁到离心机转轴中心的距离(甩平头)，单位为 cm。

利用下图，已知离心机 *r* 和 *g* 就可求出 *rpm*；反之，*r* 和 *rpm* 已知，也可求出 *g*。例如，在 *r* 标尺上取已知的 *r* 半径值和在 *g* 标尺上取已知相对离心力值，这两点间线的延长线在 *rpm* 标尺的交叉点即为 *rpm*。注意，若已知的 *g* 值处于 *g* 标尺的右边，则应读取 *rpm* 标尺的右边数值，否则反之。

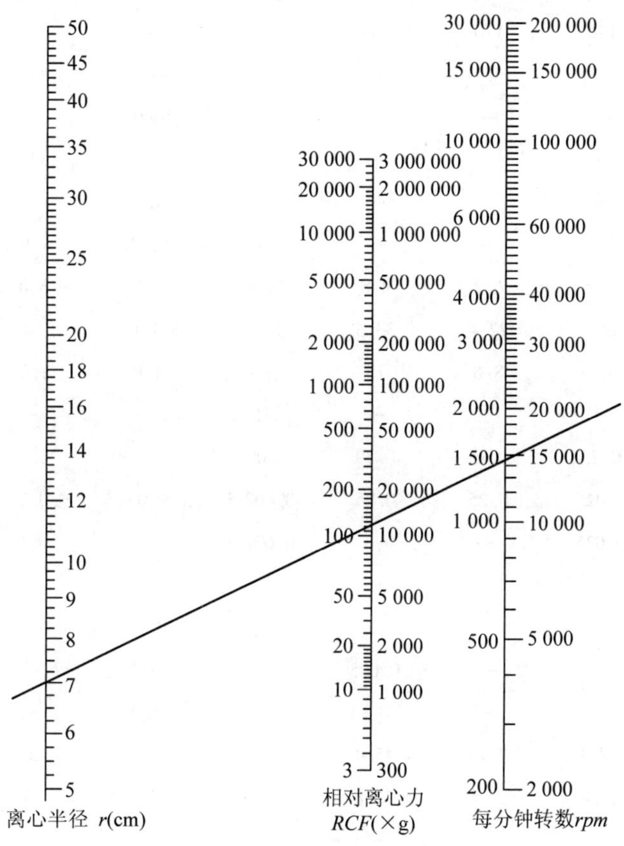

（佚名语）

附 6　植物组织培养常用培养基

附表 24　植物组织培养常用培养基配制　　单位：$mg \cdot L^{-1}$

培养基成分	MS	WPM	DKW	ER	HE	SH	B_5	N_6
NH_4NO_3	1650	400	1416	1200	—	—	—	463
KNO_3	1900	—	—	1900	—	2500	2500	2830
$Ca(NO_3)_2 \cdot 4H_2O$	—	556	1367	—	—	—	—	—
$CaCl_2 \cdot 2H_2O$	440	96	112.5	440	75	200	150	166

（续）

培养基成分	MS	WPM	DKW	ER	HE	SH	B_5	N_6
K_2SO_4	—	990	1559	—	—	—	—	—
$MgSO_4 \cdot 7H_2O$	370	370	361.49	370	250	400	250	185
KH_2PO_4	170	170	265	340	—	—	—	400
$(NH_4)_2SO_4$	—	—	—	—	—	—	134	—
$NaNO_3$	—	—	—	—	600	—	—	—
$NaH_2PO_4 \cdot H_2O$	—	—	—	—	125	345	150	—
KCl	—	—	—	—	750	—	—	—
KI	—	—	—	0.83	0.01	1.0	0.75	0.8
H_3BO_3	6.2	6.2	4.8	0.63	1.0	5.0	3.0	1.6
$MnSO_4 \cdot 4H_2O$	22.3	22.4	33.5	2.23	0.1	10	10	4.4
$ZnSO_4 \cdot 7H_2O$	10.6	8.6	17	—	1.0	1.0	2.0	1.5
Zn(螯合的)	—	—	—	15	—	—	—	—
$Na_2MoO_4 \cdot 2H_2O$	0.25	0.25	0.39	0.025	—	0.1	0.25	—
$CuSO_4 \cdot 5H_2O$	0.025	0.25	0.25	0.0025	0.03	0.2	0.04	—
$CoCl_2 \cdot 6H_2O$	0.025	—	—	0.0025	—	0.1	0.025	—
$AlCl_3$	—	—	—	—	0.03	—	—	—
$NiCl_2 \cdot 6H_2O$	—	—	—	—	0.03	—	—	—
$NiSO_4 \cdot 6H_2O$		—	0.005	—	—	—	—	—
$FeCl_3 \cdot 6H_2O$	—	—	—	—	1.0	—	—	—
EDTA-Na_2	37.3	37.3	45.4	37.3	—	20	37.3	37.3
$FeSO_4 \cdot 7H_2O$	27.8	27.8	33.8	27.8	—	15	27.8	27.8
有机物	—	—	—	—	—	—	—	—
肌醇	100	100	—	—	—	1000	100	
烟酸	0.5	0.5	—	—	—	5.0	1.0	0.5
维生素 B_1（盐酸硫胺素）	0.4	1.0	5.22	—	—	5.0	10	1.0
维生素 B_6（盐酸吡哆素）	0.5	0.5	—	—	—	5.0	1.0	0.5
甘氨酸	2.0	2.0	—	—	—	—	—	2.0
琼脂	10 000	6000	—	—	—	—	10 000	1000
蔗糖(g)	30	20	—	40	20	30	20	50
pH	5.7	5.2	—	5.8	5.8	5.8	5.5	5.8

注：本表所列为基本培养基，不包含植物激素及生长调节物质。这些物质的加入量需根据培养目的而定，可参考有关文献或通过实验确定。

（侯名语）